偷懶學

洪樹勳——著

本書嚴禁書呆子、冬烘、沒有幽默感的人閱讀
走火入魔　恕不負責

人，是一種會偷懶的動物
人類偷懶的技術
使得人的生活越來越好
造就了人類的文明

豬，也是一種會偷懶的動物
豬的偷懶技術
使得豬永遠生活在自己的屎尿中
最後被人類一刀結束的悲慘命運

人與豬的命運差別就決定在
偷懶的技術

推薦序

王仁宏

本書與李宗吾先生的厚黑學可謂有異曲同工之妙，二者皆是顛覆傳統思想，翻轉人類根深柢固的價值觀。「偷懶」一如「厚黑」本是眾所唾棄的惡習，然本書作者洪樹勳博士卻反能對於人類的偷懶本性加以深入探討，使偷懶成為一門學問。並以幽默詼諧的方式引導人們如何利用偷懶的天性來邁向成功，此正如在厚黑學中清楚地指出唯有面厚心黑者才能成大功立大業的理論相互輝映。

仁宏在台大及高大教學數十載，專精於財經及國際經濟法方面的理論與實務。而近年來偷懶經濟學雖逐漸興起，然本書非但能詳細說明偷懶經濟學的緣由，且更是將偷懶學延伸至人性的根本而能與日常生活與事業相互緊緊結合。俾使讀者能將許多偷懶的智慧運用於生活、事業、甚至是伴侶夫妻、父母子女的相處之道，乃至於整個人生的價值觀上，從而以另一種角度使偷懶變成一種好事，而直接與人類的成功與否構成密不可分的關連。

本書中對於修煉偷懶神功方式的敘述部分可謂為精華中之最，作者將武俠小說裡的吸星大法、勾魂攝魄，神話中的分身術、天眼通，以及騰雲駕霧等虛無縹緲的神通，逐漸建構成現實生活中原本遙不可及的自我充實方式，使那些看似虛幻的傳說變成眾人均能以簡易方式即蹴手可及。同時作者更是往往能以令人捧腹的獨特模式來介紹此些哲理，並對人生的奧秘提出不同的見解，足見作者學問的博大精深。

本書可謂是一部妙趣橫生、易讀易懂的書籍，在簡單又詼諧的故事或敘述裡卻能包含著許多人生中至深的哲理。因此本書實為值得珍藏閱讀的著作，故在此特地誠摯作序，向讀者們推薦本書。

國立台灣大學名譽教授

國立高雄大學創校校長暨名譽教授

王仁宏 謹誌

二〇一七年二月十日

推薦序

葉美麗

在我念大學的期間裡，實屬有幸能上到本書作者洪樹勳博士管理心理學方面的課程。當年我上洪老師的課時，他總是能以十分詼諧幽默、深入淺出的方式來教導我們，且他的課可說是堂堂精彩，班上同學往往能在笑聲連連中學習。使這些深奧的學術理論，突然變得淺顯易懂，讓我能獲益良多，因此在大學裡像洪博士這樣的老師實可謂萬中選一。

在我恭讀完　吾師這本《偷懶學》的底稿後，除了更能深深感受到　吾師除了滿腹經綸、學富五車外，同時洪老師竟能以「偷懶」二字作為出發點，並以本身的人生閱歷、企業家的故事、歷史典故甚至是武俠小說等題材，以極盡幽默的方式，將許多無論是在如何充實自我、企業經營管理，以及做人處世的道理發揮到淋漓盡致的境界。因此閱讀本書時，除了樂趣橫生外，更是能令人獲益匪淺，故本書實為極其值得推薦的書籍。

今承蒙　吾師的抬愛，竟請我為本書撰寫推薦序，我自然義不容辭，是故戰戰兢兢、不揣譾陋，特作序大力推薦本書。除有幸聊表報答師恩之意於萬一外，更是希望能將此本值得反覆閱讀的著作推薦給社會各界以資共同分享。

中國寶來資產管理集團總裁
中華國際投融資促進會理事長
北京大學企業管理學博士班
葉大麗
二〇一六年十月一日

自序

偷懶勳自幼不良於行，因為不良於行所以十分懶惰，雖然只有腳不方便，但凡舉需要移動四肢的行為一概能免則免，親友路人大多數富有同情心，雖暗自搖頭卻多能體諒包容伸出援手，因此偷懶勳頂著殘障者的光環越偷越懶，越偷越光明正大，故江湖人稱偷懶勳。

偷懶勳雖四體不勤，自幼卻喜歡夜觀星象，研究山川鳥獸，極富科學研究精神，除了常常會把洪老聖太爺（家父）買來的玩具拆成廢物，還會問一些奇奇怪怪的問題，例如石頭為什麼滾下山，不滾上山？鳥為什麼會飛？到底有幾個月亮？為什麼常常長得不一樣？除了對大自然的探究之外，對人生也充滿了好奇，記得當時還沒有電視，弟妹也還沒出生，某次吃晚飯時偷懶勳問洪老聖太母（家母）：「吃完飯要做什麼？」

「洗碗。」

「洗完碗呢？」

「洗澡。」

「洗完澡呢？」

「睡覺！」

聽到洪老聖太母的回答，當時偷懶動幼小的心靈就強烈地興起一股人生莫名的虛無，覺得人生乏味，沒什麼意義，開始思索一些「人為什麼活著？」「死後是不是一切都沒了？」之類的問題，小小年紀憂國憂民，實在是小時了了，長大後果然晚景淒涼，妻離子散，寄人籬下。

後來讀小學，自然課時老師談到地心引力，偷懶動才了解高山上的石頭，泥土為什麼會往下掉，但馬上就問老師鳥為什麼會飛？老師解釋了半天，偷懶動聽得迷迷糊糊，只聽懂一句：「所以說鳥再飛多高，最後還是要飛回地面。」偷懶動也發現打棒球的時候，無論擊出什麼超級全壘打，球最後還是會跌回地面，葉子再怎麼往天空飄，終究回歸大地。爬山的時候逆著地心引力上氣不接下氣，下山時順著地心引力所以輕鬆愉快吹口哨，甚至洪老聖太母在修理偷懶動的時候，竹棍也是由上往下的居多，很少由下往上的偷襲，這些現象偷懶動都歸諸於地心引力的規律。

年紀大一點，在長谷讀書會中，聽到楊碩英教授介紹羅伯弗利慈（Robert Fritz）「阻力最小的路」（The Path of Least Resistance to Become the Creative Force in Your Own Life），突然了解到，所有地球上的萬物，包括水，都受到重力的影響，方向幾乎都可以預測，最終總是由上往下，雖然有各種力道制衡，萬有引力卻是大地之道的最高法則。所有的物質都順著萬有引力的牽引，人類的行為也不能例外。老子說的無為而治，就是萬物不假外力，最終歸於天道，這個「天道」在地球上就是萬物都被重力控制，循著最省力，最自然，最簡單，最方便，最偷懶的方向前進或後退。看倌拿起一顆球丟向天空，會呈現拋物線，力量有多少，它就飛多遠，不會多飛一公分（除非有風），拋物線剛好是一條最自然，最省力的路線，瀑布的落差有多大，水力就有多強，手機滑落，當然是往下掉，萬物都是如此，循著最自然、最省力的天道。有趣的是人類不只行為受到影響，連心理也受到影響，根據心理學行為學派的研究，心理影響行為，使得人人都盡量在走一條阻力小的路，所以偷懶就成為人類的天性。

根據偷懶的天性，人人都希望擁有更安逸舒適的生活，舉個很簡單的例子，少年為什麼要努力？答案只有兩個，一是要謀生，二是想要存點錢，老了有安逸幸福的日子可以過。什麼是安逸幸福的日子？就是能夠偷懶的日子！蜜蜂為何夏天時辛勤的採蜜？答案是冬天能偷懶。為什麼要今日事今日畢？答案是明天可以少做點偷點懶。為何今日事今日不畢？答案是今天就可以偷到懶！所以人類的行為終極的目的，就是希望能安逸，能偷懶。

偷懶動偷懶至今已有近一甲子的功力，偷懶的修養雖不至於爐火純青，但也登堂入室，加上博覽群書苦讀古今中外的名人傳記，發現了偷懶並不一定是一件壞事，相反的偷懶可能會對各位的個人甚至全人類帶來莫大的好處，更領悟出大多數成功人士不傳之秘，就是會偷懶，而終身落魄潦倒的人士如偷懶動者就是偷懶的技術太差，不會偷懶。

天生悲天憫人的偷懶動，從小就有菩薩般的心腸想要造福社會，卻一生受到親朋好友與社會的造福，無以回報，一生中的收穫只有偷懶的經驗能與各位分享，希望天下蒼生讀了偷懶學後能走在一條用天道鋪成的康莊大道，用最偷懶的方法達到人生最終極的目的，擁有幸福安逸的人生，故創立偷懶學。各位看倌須廢寢忘食、生吞活剝、夙夜匪懈、矢勤矢勇、努力閱讀、融會貫通、順天道而行，本書將告訴你努力偷懶，就能成功！

目次

第二部　偷懶神功

緣起　岳飛的死因

老師：「岳飛是怎麼死的？」

小明：「根據歷史記載的最新研究是過勞死的！」

老師：「誰說的，胡說八道！」

小明：「老師是你自己說的！」

老師：「胡說！我哪有？」

小明：「你不是說岳飛是被『勤快』害死的！」

看似僅為平常的笑話中其實往往也會含有真理，根據偷懶動的看法，岳飛的確是被「勤快」害死的！假設岳飛沒有每天努力操練軍隊，壯志饑餐胡虜肉，笑談渴飲匈奴血，一心一意想要踏破賀蘭山缺，直搗黃龍府，這麼勤快，秦檜也不會慫恿宋高宗用十二道金牌將岳飛召回，凌遲而死！死的根本原因就是太勤快了！當然也有人認為岳飛的死因其中之一就是前面的十一道金牌「已讀不回」，惹惱了宋高宗。但追根究底岳飛最主要的死因，還是因為他不懂得應如何偷懶，太過勤快，以致惹來殺機、死狀甚慘。

當然，歷史上不只岳飛，諸葛亮、國父，甚至雍正都死於「勤快」之手！到今天「勤快」還到處害人，社會新聞裡，過勞死的比比皆是！「勤快」可謂雙手血腥，禍害人類！

偷懶勳有鑑於「勤快」之可怕，為了拯救世人，免於世人繼續被「勤快」毒害，終於在閉關修練的某日中，突然對著蒼穹仰天長笑三聲，發明了「偷懶學」及「偷懶神功」藉以普渡眾生，告訴大家偷懶有理，「偷懶」才能邁向成功，而絕非一味的「勤快」！各位看倌理當仔細閱讀，詳加研究，以免遭受「勤快」之暗算，落了個壯志未酬身先死，常使英雄淚滿襟，令人不勝唏噓感嘆！

為了幫助你自己還有你所愛的人免於被「勤快」給活活害死！各位看倌理當踴躍購買本書，除可饋贈親友外，更可留做傳家之寶永世留芳，造福後代子孫。

偷懶的目的在於創造更美好的人生

偷懶是一門很深的學問
順天者昌逆天者亡
偷懶學將是本世紀顯學

第一部 偷懶學

減肥藥暢銷的秘密

有一陣子偷懶勳體重超過八十五公斤，有一名業務向偷懶勳推銷減肥藥，他拿出一種減肥藥，並聲稱這藥十分有效，但必須配合每天控制飲食、每週至少需運動二次。偷懶勳答道：「你這種藥賣得出去才怪，人生的樂趣莫過於吃和睡，吃了你的藥，每天仍需控制飲食、運動，那人生還有什麼樂趣可言？還有，吾乃江湖人稱偷懶勳，能不動則不動，你要我吃藥還要我運動，我不如胖死算了！」。偷懶勳說完後，正打算把那業務員轟出去時，他立刻又從包包裡掏出了另一種藥：「這種藥不需要運動，只要少吃一點就能減重！」。偷懶勳看也沒看一眼，冷冷地回了一句：「免談！」。最後終於逼著那業務員拿出了一罐藥說：「別急！這裡還有一種最暢銷的減肥藥，隨便吃，免運動，一天一粒，一個月瘦五公斤！」

偷懶勳一聽大喜道：「當真？有這麼好的藥為什麼不早拿出來！」

「真的，這是世界上最暢銷的減肥藥！只是比較貴！」

「多少？」

「一瓶三千，半月份。」

偷懶動二話不說，掏出錢來：「那就先來一罐！」

「不行，一次要買兩罐，一罐無效！第一罐吃完你會胖點，第二罐吃下去才會開始瘦，而且效果驚人！非常神奇！」

「真的隨便吃，不用運動？」偷懶動再度確認。

「真的啦！我以前比你胖，你看現在呢？」說完賣藥的原地轉了一圈，身材果然還不錯。

「好吧！那就來兩罐！」偷懶動終於掏出了錢。

一個月後，偷懶動隨便吃，沒運動，體重終於暴增十公斤，人稱彌勒佛！

最暢銷的減肥藥不一定是最有效的減肥藥，因為減肥不二法門就是少吃多動。但人們卻喜歡買可以不用運動、盡量吃的減肥藥，因為好吃與懶惰是人類的天性，因此減肥藥必須順著人類的天性才賣得出去。

記得小時候有一種「睡眠學習機」，當時一台賣四萬元，相當一般人半年的薪水，但銷路卻奇佳。偷懶動堅持洪老聖太爺買一台，並保證考全班第一名，因為睡眠時能用潛意識背單字背課文，一覺醒來勝讀十年書。洪老聖太爺望子成龍，愛子心切，勒緊褲帶，忍痛買了一台。結果偷懶勳從此名正言順每晚早早就上床睡覺，一個月後課業成績終於史無前例地全班倒數第一名！

各位看倌請不要嘲笑偷懶勳，這裡有三本書，一本「三年英語通」，一本「三月英語通」，另一本則是「三日英語通」，請問你會買哪一本？若是偷懶勳這種好吃懶做的人當然毫不猶豫的一定會買「三日英語通」。但理智告訴我們英語怎可能三日就通？結果還是買了三日通，三日後除了ENGLISH這個單字勉強還記住外，其他的就束諸高閣了！然話雖如此，但偷懶勳保證「三年英語通」一定賣不出去，即使它真的能讓人三年能學好英語。但所謂水往低處流，人類總是能混則混，能偷懶就偷懶！

想上天堂只有一條路，那就是死，人類不想死卻渴望上天堂，就算天堂有樓梯走，人們也懶得爬，因為太累了，最好天堂有電梯。因為這就是人性，每個人都喜歡偷懶，但卻討厭別人偷懶，偷懶真的是一件不好的事嗎？偷懶會讓我們停止進步，困老終生嗎？會不會有一天真的會有隨便吃、免運動而又確實有效的減肥藥出現？有一天會有確具成效的睡眠學習機被發明？有一天不用死就能上天堂，而且還可以搭電梯？假如各位看倌都有這個心願，那麼偷懶勳恭喜你，你買對書了，「偷懶學」將帶你搭乘電梯，學會八大神功，順著人性，直上天堂，活著就可以上天堂！「偷懶學」是一種順應天理的學問！

偷懶守則第一條

偷懶為成功之本

偷懶學第一課

要隨時隨地想辦法偷懶

人類的進步的動力源自於偷懶

——馬雲

人類的歷史是一部偷懶史

話說偷懶王倉頡上了年紀後常常忘記老大黃帝所交代的事情，經常被老大K頭，只得想出一個偷懶的方法，發明文字把老大交代的事情記載下來，結果安享天年，觀見黃帝時不但不用再戴安全帽，且永世受人尊敬。

到了戰國時代，偷懶王蒙恬一天到晚打仗，始皇老大關心戰情，要求老蒙事事稟報，老蒙邊打仗邊用藍波刀刻竹簡稟報軍情，刻得死去活來，終於發明了一種工具來偷懶——毛筆。

東漢時代，偷懶王蔡倫雖然好學不倦，喜歡寫字做文章，但寫字要用竹簡，蔡懶王不喜歡劈竹子，因為劈竹子常劈到手抽筋提不起筆來，所以想出一個讓全天下的讀書人都可以偷懶的發明——紙。

宋朝的畢昇這個偷懶王是個印刷工人，為了中午可以多一些午休時間，結果發明了活字版印刷術，從此一覺睡到自然醒，而他的老闆則數錢數到手抽筋。

隨著歷史的演進，人類越來越懶，連用紙筆都嫌累，學生抄筆記抄到沒時間談戀愛、打電動、手遊，有識之士連忙發明了影印機、電腦以免學生燒炭自殺。

所以說人類為了讓兩隻腳偷懶發明了馬車、火車、汽車、飛機……

為了煮飯偷懶發明電鍋、瓦斯爐……

為了洗衣服偷懶發明洗衣機、烘乾機……

為了殺人偷懶發明了機槍、大炮、原子彈……

為了交易偷懶發明鈔票、支票、匯票……

為了計算偷懶發明算盤、加減乘除法、計算機……

為了路途遙遠偷懶發明郵局、宅急便……

為了管理人民偷懶發明專制、民主、共產制度……

所以人類所有的進步與文明，都是因偷懶偷出來的輝煌成果。

故洪子曰；「要隨時隨地想辦法偷懶，**因為偷懶才會進步！**」

說到這裡，聰明的讀者，偷懶學之一代宗師偷懶動可以偷懶一下，應該不用再解釋為何人類的歷史是一部偷懶史了吧！

所以，反對偷懶就是拒絕進步！

偷懶學第二課
要隨時隨地幫助別人偷懶

誰是世界第一流人物？

耶穌如何幫人偷懶？

話說耶穌老大發現人類宗教的儀式千奇百怪，想上個天堂，要祭拜跪來跪去、要齋戒餓肚子、要奉獻百分之十的收入、還要守十誡、又不能犯罪、又要贖罪、又要苦行、甚至自戕（達文西密碼The Da Vinci code）……害得大家不太敢信教。所以耶穌老大登高一呼提出：「信得救！」、「信我者得永生！」。接著耶穌再來一招——被釘在十字架上，用鮮血洗清世人的罪。結果想上天堂又不想爬樓梯的人紛紛偷懶衝出來信了耶穌，想長生不老卻又不想按部就班修行的人也偷懶信了耶穌，罪孽深重又不想苦行贖罪的人也立刻偷懶相信了耶穌，從此基督教即開始興旺，終於教眾遍佈全球。

為什麼基督教在耶穌之後的短時間裡就能與其他宗教分庭抗禮，深入西方的人心，並打進東方人的世界。原因無他，只要信就得救、只要認罪就會被赦免，耶穌給世人一條更簡單、更輕鬆、更方便、更偷懶的方法通往天堂之路。這就是耶穌老大之所以被稱為老大的原因，他讓世人用偷到最多懶的方法解決了人類生命最終極的問題。而在耶穌後的一千五百年，馬丁路德更是將他老闆耶穌教人偷懶的方法發揚光大，將宗教儀式大幅簡化，教眾信教再也不需要有太多的繁文縟節，終使基督新教從基督教中分割出來，並能自成一格與天主教相互輝映。

註：天主教與基督新教均通稱為基督教（Christianity），細分時才分為天主教與基督教。

同樣為什麼禪宗會流行？簡單一句話，「放下屠刀，立地成佛」成佛只要放下刀子，天下有這麼容易成佛的方法，刀子放下來就變佛了，有誰不要？

再說到近年來淨土宗的流行也是有原因的，慧淨老大教導眾生平時多唸「南無阿彌陀佛」即可歸向西方極樂世界，對於一般無法頓悟普羅大眾，「南無阿彌陀佛」人人都會唸，於是通往西方極樂世界的路就變成了康莊大道。

總之，太過於繁文縟節的宗教，終將被簡單、方便的宗教所取代，現在連掃墓都有電腦、手機掃墓了，正因懶惰是人的天性。所以各位宗教大師，敬請趕快購買偷懶動的偷懶學，讓你的大廟能發揚光大、香火鼎盛、代代相傳。

豬叫聲對人類的貢獻

很久以前，工人上班時，工作繁重、效率低落，生產的東西品質又差。亨利福特（Henry Ford）立志要改善自己汽車廠工人的工作品質，並且要讓每個員工都能買得起福特汽車。但因為立志立得太大無法實現，故心情不爽想要偷懶，特地散步到附近的屠宰場聽聽豬叫聲來發洩自己的情緒。沒想到聽著、聽著，突然從整個屠宰的作業流程，發明了生產線。因而創造出更簡單、更方便、更偷懶的方法來製造汽車。從此工人工作更輕鬆、而製造汽車的方法也大大的節省了成本，終於生產出最便宜黑色的T型車，人人買得起。

後來有人把這套生產線方法用在別種工廠，結果產品產量增加、品質提升、成本降低，工人越來越輕鬆，有時間偷懶，使人類的生產技術向前跨進一大步。說到這裡偷懶勳不得不說，豬的慘叫聲對人類真的是具有極大貢獻的。

老師為何令人尊敬？

話說偷懶勳自幼被教導要尊師重道，看見老師要敬禮，被老師海K還要說對不起。洪老聖太爺捧著白花花鈔票交學費，看見老師還要矮上一截，低頭鞠躬陪笑臉，所以從小老師在偷懶勳心目中景仰的程度有如滔滔江水綿綿不絕，幾乎可與上帝、佛祖及蔣公並駕齊驅。因此小時候的第一志願當然就是長大後要當老師，這樣就可以整天逼人唸書，自己卻不用再唸書了！

直到偷懶勳美夢成真，真的當上了老師，才發現前途坎坷。俗話說「台下十年功，台上十分鐘」，偷懶勳初出茅廬，三十歲的人，第一次上台，竟然不多不少剛好三十多分鐘豬頭皮就炸無油，說不出話，差點嗚呼哀哉壽終正寢。剩下的時間還好偷懶勳有經過無數的名師薰陶，學到一句話叫做「自修」才混過去！更令人感到挫折的是，當洪教授口沫橫飛、自我感覺良好之際，竟然有學生只看著課本聽也不聽！洪教授很生氣的質問同學為何不聽課？同學抬起眼皮回了一句：「課本寫得很明白為何要聽你的？我自己讀比較快！」結果洪教授怒急攻心：「哇！」的一聲！口吐鮮血當場送醫急救。出院後萬念俱灰，搞不懂為何一個偉大的教授還敵不過一本小小的課本？洪教授內傷較為平復後，痛定思痛，努力讀課本，發現一本十天就可以讀完的書，偉大的洪教授竟然花了整整一學期才教完，難怪學生情願讀課本也不願聽自我感覺良好的洪教授口沫橫飛！因為聽洪教授的課要浪費五個月，而學生自己讀只要十天，所以自己讀比較快！洪教授大徹大悟後，虛心的向這位同學請教花錢上課的目的是什麼。同學曰：「學習！」

洪教授又請教為什麼同學要花大錢上補習班？同學曰：「求得更快更有效的方法學習！」

洪教授又問：「為什麼有些學生某些課專心聽講，某些課卻選擇做自己的事？」

同學答：「因為某些老師對我們有用，某些老師對我們無用！為什麼有些同學會選擇上課自己看書，因為那個老師對我們沒用！」

洪教授又不知廉恥的繼續問道：「什麼叫有用的老師？」

同學也很有耐心的繼續回答：「當老師的人應該常問自己兩個問題，第一：學生看課本自己學，還是上課聽你的比較快？第二：你講的比書寫的好嗎？」

這兩句話有如晨鐘暮鼓，一下子敲進洪教授的腦袋，這不恥下問的結果完全改變了洪教授的教職生涯，抓到訣竅的洪教授，從善如流，立刻努力奮發，嚴加改進。此後一本教科書往往K到天昏地暗，融會貫通，爐火純青，才敢上台授課。而且更將課本在三天內就全部教完，結果教完後得意洋洋的看著學生，竟發現學生們東倒西歪，有的口吐白沫，有的仍然繼續看書，這下子我們的洪教授光火了：「要花十天看的書，經過本人嘔心瀝血的萃取精華，三天就教完，幫各位偷了七天的懶，為何汝等口吐白沫，要不就是繼續看書不聽課？」

學生們異口同聲的答道：「太精華了，消化不良，用腦過度，聽不懂！」

洪教授想想，學生說的也有道理，畢竟天縱英明如偷懶動者，天下又有幾人？於是放慢腳步循循善誘，一本書慢慢教了七天，這才皆大歡喜圓滿閉幕，學生偷了三天的懶，洪教授也領鐘點費領得心安理得，因為洪教授有幫學生偷到懶，同學對洪教授也開始尊敬起來。

故洪子曰：「**教育的目的在於教導別人用一個更輕鬆、更有效的方法來學習與做事**。學生對老師尊敬的程度，是以老師協助同學偷到的懶來計算！**什麼叫做有用的老師？那就是能幫助學生偷懶的老師！**」

屈原的偉大不亞於耶穌

讀小學時端午節的前一天，偷懶勳在課堂上與周公下棋，冷不防被老師叫醒問道：「為什麼屈原要跳汨羅江？」，偷懶勳睡眼惺忪地回答：「因為他怕跳到黃河洗不清。」。結果老師當場「框！」的一聲，敲了英明的偷懶勳一記腦袋瓜子，大吼：「混蛋！上課只知道睡覺，你乾脆去跳江算了！」

偷懶勳十分地納悶，英明的偷懶勳明明照著腦筋急轉彎的標準答案回答的，為什麼老師要生氣，竟為了屈原對這幼小的殘障學童痛下殺手？偷懶勳一邊摸著受傷的頭殼，一邊開始研究起為什麼屈原如此英明，死了後竟然陰魂不散，還能讓一個人修理另外一個人。

據「續齊諧記」之記載，屈原死後曾託夢於長沙人區曲哭訴：「感謝各位丟飯糰給我吃，但本人當年跳水時，一時不察被抱住的石頭壓住腳指、困在江底，飯糰還在半空中，就被魚蝦攔截幹光了！嗚～嗚～嗚！」區曲馬上將此事報告漢光武帝劉秀，光武帝即刻下令以後丟飯糰前，必須先派人划龍舟嚇嚇魚蝦，以免偉大的屈原餓死。這就是後來端午節為什麼要划龍舟的由來。

但隔年端午節區曲睡午覺時，屈原又來找他哭訴：「感謝你們划龍舟趕走魚蝦，但汨羅江裡有一隻蛟龍不怕龍舟，你們的飯糰我還是吃不到！嗚～嗚～嗚！不過這隻蛟龍討厭竹葉，是否能把飯糰用竹葉包住再丟！否則我真的要餓死了！嗚～嗚～嗚！」。於是區曲睡醒後立刻又報告光武帝，劉秀立刻下令老百姓划龍船時把飯糰用粽葉包起來再丟。這就是端午節為什麼要吃粽子的由來。

隔年端午節，屈原又出現了，區曲午休時間老是被屈原打擾，心情有點不爽，正要問屈原：「大哥，您這是哪裡又不滿意了？」。沒想到屈原滿臉堆笑的說：「感謝各位這樣盡心盡力的照顧我，我吃得很飽，但有人把粽子包得太油膩了，導致我常常消化不良，不知是否能來兩瓶雄黃酒幫助消化？。嗚～嗚～嗚～」

光武帝一聽區曲的報告後，又立刻命人在端午節這天也要準備雄黃酒，從此屈原就過著幸福快樂的日子，不再託夢了。（見偷懶動新著「續續齊諧記」）

由此看來屈原似乎是一個遜咖，陸上爭寵爭不過靳尚，到了水裡也鬥不過魚蝦，但為什麼幾千年後還能法力無邊，令老師如此冷血地對一位幼小的殘障學童痛下殺手呢？

幾年後當偷懶動偷懶偷到任督二脈全通時才領悟到，原來屈原是史上第一位因為自殺而使全國軍民同胞休息一天的偉人，他老人家當年若不跳汨羅江，大家則無假可放、無懶可偷、無粽子可吃、無龍船可玩，如此豐功偉業，連孔子、國父與蔣公也比不上，因為現在孔子、國父與蔣公的生日都不放假了。古今中外大概除了颱風以外，也只有耶穌能讓聖誕節、復活節放假差可比擬，但現在台灣聖誕節也不放假了，所以對中華民族來說，耶穌也比不上屈原。屈原他老人家先天下之憂而憂，擔心大家假期不夠，故犧牲小我，完成大我！難怪偷懶動的恩師如此尊敬恩公屈原，替恩公教訓出言不遜的偷懶動，偷懶動實在是死有餘辜、罪有應得，嗚～嗚～嗚～

所以說台灣好不容易有了二二八紀念日，希望各級機關團體務必嚴守放假一天的規定，萬不可加班或補課，以免二二八陣亡的先烈們白白地犧牲了。

誰是貴人

很多人說父母是我們一生中第一個遇到的貴人，為什麼？答案是父母從小照顧我們長大，無條件的付出，替我們偷了很多的懶。所以對我們照顧，幫我們偷懶的人都是我們的貴人！為什麼有些人值得尊敬與感謝？因為他們是我們的貴人，他們能幫我們偷懶。為什麼偷懶動會看不起某些人，因為這些人不但不能幫我們偷懶，甚至還要偷懶動幫他偷懶。

故洪子曰：「**人類的價值在於能幫別人偷懶的程度！**」

有人問：「什麼樣的人會快樂？」

洪拉圖如是說：「有用的人！」

「什麼叫做有用的人？」

洪拉圖如是說：「有能力付出的人！」

「什麼叫有能力付出的人？」

洪拉圖如是說：「有能力幫助別人偷懶的人！**人類的價值在於能幫別人偷懶的程度！能幫人偷懶的人有福了，因為他們還能付出！**」

祈禱文

親愛的上帝：

感謝從小到大派了這麼多的貴人幫我偷懶，也感謝您教導了我生命的意義在於幫助別人偷懶，更感謝您讓我從您那裡得到幫助別人偷懶的能力！主啊！感謝您讓我知道我的能力是來自我的位置，不是來自我個人！

阿門！

哪一種企業會賺大錢？能幫人偷懶的企業

王永慶的米店

話說永慶老先生在年輕的時候剛接手米店，每天就努力思考著如何讓米店生意興隆通四海、財源茂盛達三江。結果日有所思夜有所夢，竟然夢到一位拄著兩根枴杖的白鬍子老人拿了一本「偷懶學」給他，才翻到偷懶學第二課裏「**能幫人偷懶的企業才會賺大錢**」，突然驚醒，醒來後大徹大悟，這個夢成了王老先生一生致富的秘密，也沒向任何人說起。當天就對第一個進門的張太太說：「張太太您以後不用來偶（我）店裡買米了。」，張太太大吃一驚說：「怎麼，你要關門了？」，王永慶回答道：「沒有，以後偶會直接把米送到你家。」。張太太又問：「你又不知道我家你怎麼送？」，王永慶卻回答：「你帶偶跑一趟不就得了！」

於是張太太就帶著王永慶來到她家，王永慶看了看米缸，拿出尺量了一量問道：

「請問你家有幾個輪（人）？」

張太太回答說：「四個人，老公和兩個小孩。」

「老公一餐出（吃）幾碗飯？」

「一碗半。」

「你呢？」

「一碗。」

「那小孩子出（吃）幾碗？」

「老大吃三碗，老二吃兩碗。」

王永慶一一記下後，沒多久就送米來了。送米來時，先幫張太太把米缸洗一洗，再把舊的米放上面，新的米放下面。從此以後張太太米缸快空的時候，我們的永慶兄就自動送米來了。張太太從此過著幸福快樂的生活。而隔壁的李太太、趙太太、孫太太、陳太太……也相繼遭到永慶兄的毒手，成了王家米店的忠實客戶群，而王永慶的米店當然也從此生意興隆通四海，最終成為台灣的經營之神。

好了，故事結束，請問王家米店為何生意興隆通四海？

答案是因為王永慶有幫這些太太們偷到很多懶。偷到什麼懶？請待偷懶動一一道來：

當時沒有摩托車更沒有汽車，上個菜市場光提菜就很累了，再扛個米回家，昏倒在半路上的比比皆是，故我們的永慶兄解決了這些家庭主婦的買米恐懼症。

米放久了不好吃，舊米要先吃完所以放上面，新米放下面。永慶兄如此體貼的行為真令人感動，很難讓人不愛上他，怪不得他老人家後來妻妾成群，兒孫滿堂。

永慶兄雖然學歷不高，但頗有科學頭腦，當時一般人家裡是沒有電話的，即使要叫米請米店送到家裡來，還是得要跑到店裡去叫。我們偉大的王老先生卻早就算準了米缸的容量與每日的消耗量，時間一到米就送來，張太太這些家庭主婦連到店裡叫米的懶都可以偷，請問她們還有到別家買米的機會嗎？

至於幫張太太洗米缸這種幫人偷懶的服務，連白癡都可以看得出來，偷懶動就偷個懶不用再解釋了。

據說王永慶一生中很希望再夢到那本偷懶學，多翻個幾頁，但最後終究天不從人願。王老先生夢到了幾頁就成了經營之神，所以各位讀者真是三生有幸，比王老先生幸福多了，理當惜福、傳福，奮勇購買偷懶學餽贈親朋好友，讓他們也能擁有幸福的人生。

統一超商為何賺大錢

為什麼有7－11真好？答案當然又是因為7－11能幫我們偷懶。日常生活用品沒了，隔壁7－11就有。繳帳單，隔壁7－11就有。家裡沒得吃喝，隔壁7－11就有。有了7－11我們懶人家族可以每天在家吹冷氣、看電視，不用跑餐廳、雜貨、麵包、文具店、書店、CD店、銀行、郵局、電話、自來水、電力、百貨……等公司。7－11幫我們偷到了免擠公車、開車或騎車、免東奔西跑繳費、覓食、採購、日曬雨淋的懶！所以有7－11真好！

而正是因為統一企業看準了人們喜歡偷懶，縱使7－11的東西賣得比外面稍稍貴一點，但人們對於多花幾塊錢與必須東奔西跑之間，往往還是會選擇能偷一點懶就偷一點，這正是統一超商之所以能夠成功的最主要原因。而當年的統一與味全二大台灣食品業龍頭，也正是因為7－11之故，二家企業的業績與規模開始越拉越遠，終使7－11登台數年後的味全已完全無法與統一的規模相提並論。然而事實上，許多人或許不知道源自於美國的7－11本來是先找上味全的，但味全認為台灣柑仔店到處林立，且國人又節儉，不會多花冤枉錢，認定7－11在台灣不可能會成功，因而將7－11拒之於門外！因此企業對於人類偷懶心態如果能有多一份的理解，企業的發展自然將強弱立判，並將決定企業未來的命運！

所以說偷懶學這本書不但非買不可，更是必須詳加研讀，而且看倌們若是能搖頭晃腦、反覆朗誦，則效果自將倍增也！

超級咖啡如何超級

在談論超級咖啡如何超級以前，看倌須先研究傳統煮咖啡的方法：種咖啡、整地、播種、除草、施肥……等廢話就姑且不談，（當然如何買、如何選以及如何烘培更是不在話下），就從咖啡豆開始說起。首先你要先買咖啡豆，然後第二個節目就是磨咖啡豆，這時家裡若沒磨豆機的，就先再見出局，不用再討論下去。還好有個偉大的人發明了磨豆機，使得磨豆的工作變簡單了。發明磨豆機固然偉大，但是有一個更偉大的人，直接把咖啡豆磨成粉來賣。對一般消費者而言，賣咖啡粉的人當然比發明磨豆機的人更偉大，但是面對著咖啡粉你必須要燒開水煮咖啡及用濾紙濾掉咖啡渣才行，這時就出現一位更偉大的人發明了咖啡機，這個偉人也橫行番邦風光了一陣子，沒想到這麼偉大的發明卻敵不過另一項更偉大的發明，此項發明使得雀巢這家公司揚名國際、大賺鈔票。沒錯，這偉大的發明就是即溶咖啡（Instant coffee），雀巢公司賺大錢的原因就是替消費者偷到煮咖啡、濾咖啡的懶。

話說偷懶動雖對咖啡沒什麼研究，但從小到大流浪番邦好幾年，自然咖啡喝了不少，吧台的工作也混了一段時間，為客人煮的咖啡也能灌滿一座游泳池。不過說老實話，偷懶動喝咖啡的品味一點也沒有，原因是偷懶動從來不為自己煮咖啡，只有「泡」咖啡。對咖啡的研究僅止於「雀巢」兩個字而已，水平低俗至極！

最近偷懶動發現股票市場出現了一檔叫「超級咖啡」新加坡來的ＴＤＲ股票，聽到夢想街的斐娟（主持人）說才知道，超級咖啡這家公司之所以超級是一位叫張騏牧的偉人發明了超級三合一咖啡，何謂超級三合一咖啡？答案是把即溶咖啡、糖和奶精包成一包，消費者不用再加奶精、糖，即撕即喝。各位看倌認為這種發明算偉大嗎？每個人都認為太簡單了，以你我的智商應該不會想不出來。雀巢公司正如英明的偷懶動對這項發明嗤之以鼻，認為即溶咖啡把「煮咖啡」變成「泡咖啡」，已經是終極偷懶版的喝咖啡方式。沒想到超級咖啡產品大賣特賣，最後雀巢不得不東施效顰也跟進賣起三合一咖啡。因此相信駢牧兄至今念念不忘感謝雀巢公司當年沒採用他提出三合一咖啡概念的英明抉擇，才會有世界第三大品牌的超級咖啡繼雀巢、麥斯威爾出現，駢牧兄才會變成世界偉人之一。

幫消費者偷個不加奶精和糖的懶，就搞到股票上市，鈔票滿天飛，成為世界偉人。所以幫消費者偷懶之重要，乃為企業之第一要務。故洪子云：「什麼樣的企業能賺錢？答案只有一個，能幫人偷懶的企業會賺錢！」，洪子再云：「努力用心幫人偷懶的企業才會賺大錢！」。

類似這種貼心的服務如今四處都可以見到，例如金門的牛肉乾，7-11的很多產品怕顧客打開後吃不完，都改成小包裝，容易保存，又方便，讓顧客容易接受，所以鈔票如雪片般飛來！

偷懶學這本書看到這裡，相信偷懶勳已經幫助各位聰明的看倌偷到不少偷懶的訣竅，日後本書大賣特賣自是不在話下，偷懶勳必須先買台點鈔機，以免算錢算到手抽筋，無法再提筆幫助各位偷懶。

鞋王

美國網路第一大賣鞋公司，鞋王ZAPPOS謝家華的傳奇三度被哈佛列為教學案例，然這教學案例的內容又臭又長，讀了半天會讓人昏死好幾次。但根據英明的偷懶勳歸納出ZAPPOS的成功原因只有兩個字「偷懶」，幫顧客偷懶！家華兄成功的秘訣就是要做到讓顧客說一聲「WOW」，顧客說「WOW」，表示顧客很爽，顧客爽的原因就因為ZAPPOS幫顧客偷了很多懶！

一、買一雙送三雙試穿，完全免運費：網路商店之所以崛起，在於能偷到出門購物的懶，缺點是增加運費要多花錢，又怕買的不是自己想要的。故家華兄讓顧客能偷到不用出門購物的懶，又省下運費，再加上買一雙送三種不同的尺寸試穿，就算不滿意還可以免費退貨。如此貼心的服務，幫顧客偷到「消除購物障礙」的懶！

二、鑑賞期三百六十五天：網購顧客最怕的是買到自己不想要的東西，常常買了後就後悔，但有些人買了後很久才用到，用的時候又後悔，家華兄為了讓顧客百分之一百的滿意，破天荒地提出三百六十五天鑑賞期，保證顧客連「後悔」的懶都可以偷！

三、買斷貨源、自建倉儲：網路購物另一個缺點就是顧客要等很久才能拿到自己想要的東西，家華兄為了讓顧客能在最快的時間裡得到自己想要的東西，不惜重本，顛覆網路商店無需倉儲的優勢，買斷貨源、自建倉儲，且蓋在物流公司UPS旁邊的機場，目的就是替顧客偷到「等待」的懶！

四、不打廣告，轉投入客服：家華兄認為服務顧客，解決顧客的問題，顧客才會滿意，而滿意的顧客才會快樂，唯有快樂的顧客才會持續購買。故家華兄投入遠遠超越一般公司的成本，加強與優化客服人員的招聘、訓練以及員工福利，培養出一群快樂的員工，他知道唯有快樂的員工才願意幫顧客偷懶，才會使顧客快樂！

故洪子曰：「凡是學企業管理、行銷管理、服務管理、顧客關係管理、人力資源管理，甚至人際關係的人，都應該先熟讀偷懶學，因為熟讀偷懶學就有如同張無忌練成九陽神功，天下武功一通百通，受用無窮！」。說到這裡各位看倌理當慶幸自己眼光獨到，買了偷懶學這本書，偷懶動應該沒有浪費各位白花花的銀子才是！

什麼叫做「愛」？

首先為了避免各位英明的看倌看成什麼叫「做愛」，誤以為偷懶動不會做愛，所以愛字加括號。因為偷懶動年事漸高，越不行的就要越裝會，以免在讀者面前毀了偷懶動完美的形象。

話說偷懶動自從進入青春期後常常失戀，因為青春期特別好色，所以失戀就特別痛苦，痛苦之餘終於悟出一個偉大的道理，「什麼是永恆的愛？不過是自愛罷了！」所以偷懶動後來十分地愛自己。但太愛自己的結果，就是不敢付出，結果在感情的路上，連戰連敗，落得七老八老才相親，所幸最後終於還是有婚可結。所以說相親最大的好處就是對方還搞不清楚你是什麼人的時候，就已經結了婚！但結婚後沒多久偷懶動自私自利的真面目就被揭穿，下場當然就是離婚！之後偷懶勳依然執迷不悟、如法泡製又相親又結婚，結果當然還是又離婚了。二次的離婚後偷懶勳終於痛定思痛，厚著臉皮不恥下問兩位前妻，偷懶勳學問好、又有正當職業，除了抽菸、喝酒、打牌以外沒有甚麼不良嗜好，為什麼要和偷懶勳離婚？結果答案是偷懶勳雖然懂得什麼是永恆的愛，卻不懂得什麼叫做「愛」？又說結婚前偷懶勳是懂得愛的人，結婚後就不懂了！偷懶勳一頭霧水，連忙請二位賢前妻詳加說明，結論如下：結婚前偷懶勳為了騙老婆上床，總是甜言蜜語，呵護有加，上下班準時接送，三餐送到床前，老婆一伸手，東西就出現。半夜出現蟑螂，洪氏除蟑大隊立刻以迅雷不及掩耳的速度出擊。甚至老婆嫌上班累，偷懶勳直接頒發薪水，讓老婆不用再工作，當個櫻櫻美黛子。但結婚後偷懶勳大男人主義發作，不但從此形勢逆轉茶來伸手、飯來張口。老婆們燒飯洗衣不用說，偉大的偷懶勳連洗澡、剪指甲，穿鞋子都要老婆伺候，瞬間老婆們的人生彩色變黑白，過著女奴般的生活，故憤而離婚！偷懶勳上了這一課後，因悟性不高，似懂非懂，後來成了單親爸爸，在女兒們小時候當「孝子」把屎把尿，餵奶餵飯自不在話下，女兒們長大一點後，每天接送小孩上下學更是基本教材，且陪玩、伴讀、陪寫作業一應俱全，有一天大女兒偷懶黴突然對偷懶動說了一句偉大的話：「黴黴（爸爸暱稱）！我覺得你常常幫我偷懶。」

「為什麼？」

「因為很多事我可以自己做，你卻幫我做！」

「例如說？」

「學校這麼近，我可以自己上學，你卻堅持要送我上學！」

「那是因為爸爸愛妳呀！怕妳出事。」

「吃飯我需要衛生紙時，你就會自動拿給我。」

「那是因為爸爸愛妳呀！幫妳拿衛生紙黴黴很快樂嘛！還有呢？」

「寫功課時你不讓我想，就直接告訴我答案。」

「那是因為爸爸愛妳呀！……」

這時突然晴天霹靂，一道閃電擊中了偷懶動，原來為人父母者生命的意義就是在於——幫助宇宙繼起之生命偷懶！

原來，愛就是會幫他偷懶！

如何追女孩子？很簡單，幫她們偷懶！因為沒有愛，你不會幫她們偷懶，更不會犧牲奉獻！父母辛辛苦苦為小孩留下一些錢，就是希望小孩子將來不要太辛苦，能幫他們人生的路走得輕鬆一點，偷點懶，這也就是父母的愛！父母老了後，照顧他們，孝順服侍他們，讓他們過個舒服的晚年，何謂舒服的晚年？就是有人幫他們偷懶的晚年！你喜歡的朋友，你會為他們多付出，什麼叫做多付出？多付出，他們就可以少做，而少做就可以多偷懶！

所以你會自動自發、心甘情願為他人做事，為他偷懶的原因就是因為對他有愛！你對老闆盡心盡力，不是你喜歡老闆，就是你愛他的薪水。宗教慈善團體、世界偉人為什麼願意為社會奉獻，幫人偷懶，無條件的付出，那是因為他們的心中有大愛！

故洪子曰：「企業以服務消費者為目的，服務中如能讓消費者感受到愛，能幫他們偷更多的懶，鈔票豈不滾滾而來乎！什麼叫以客為尊？什麼叫替顧客著想？答案就是偷懶，幫顧客偷懶！**好的企業，會賺錢的企業就是能幫顧客偷懶的企業！**什麼叫民之所欲常在我心？什麼叫『好的政府』？答案是：能幫人民偷懶的政府！」

偷懶學第三課

成功人士的秘訣——就是會偷懶

劉邦如何得天下

漢高主劉邦原本無賴出身，好色貪財，貪生怕死，但卻打敗項羽成為漢朝開國始祖。項羽力拔山兮氣蓋世，結果垓下被困，烏江自刎，原因何在？答案很簡單，劉邦會偷懶，項羽不會。

劉邦打仗有韓信幫他偷懶，謀略有陳平、張良幫他偷懶，政治的執行有蕭何幫他偷懶。反觀項羽力拔山兮氣蓋世，凡事親力親為，唯一能幫他偷懶的人范增卻被他逼走。而韓信原本也是項羽的麾下，因未受項羽的重用而投奔劉邦。項羽自立自強，凡事靠自己，不找人幫他偷懶，可見項羽從未讀過偷懶學，以致痛失霸業！

劉邦偷懶偷得好好的，有一天心血來潮不偷懶了，沒事搞個御駕親征，結果在白登被冒頓單于所困，還好有陳平幫他解圍，這才保住老命。

三國的劉備武功比不上關羽、張飛及趙雲，謀略比不上諸葛亮，卻為何能稱帝？答案就是劉備與他的祖先劉邦一樣會偷懶，衝鋒陷陣交給關、張、趙，其他的都交給諸葛亮。終能三分天下、建立蜀漢，與曹魏及東吳分庭抗禮。劉備與劉邦一樣，都是偷懶成功。但晚年沒事幹太久，竟然努力奮發，御駕親征東吳。結果被陸遜火燒七百里連營，大敗而歸，終於抑鬱寡歡病死白帝城。反觀阿斗兄只知道吃喝玩樂，把所有的國家大事都交給諸葛亮，若非最後天助鄧艾越過摩天嶺，生活倒也幸福快樂。且降魏後，魏王曹丕封劉禪為安樂公，每天又供給他吃喝玩樂，縱然成為階下囚，仍是繼續偷懶、樂不思蜀，結果反而得以安享天年！

齊桓公年輕時努力偷懶，把國家交給管仲，結果九合諸侯，成為五霸之首。管仲死後齊桓公開始努力治國，結果國家大亂，死後連屍體的蟲跑到門口都沒人知道。可見努力偷懶者常常成大功立大業，不偷懶反而國家大亂。所以只要搞清楚偷懶的真諦後，該偷懶的還是一定要偷懶！

唐僧西方取經，若沒有孫悟空、豬八戒及沙悟淨恐怕連大唐國的國門都出不了，遑論西方大雷音寺！孫悟空會七十二變，一路上屢遭挫折，若沒有一些菩薩、神仙的幫忙，護不了主，也到不了西天！西遊記裡能力最差的就是唐僧，什麼都不會，就只會唸經和一天到晚喊：「悟空救我！」。但西天取經少了他就沒戲唱，連菩薩都會安排三個徒弟幫他偷懶，可見如來佛與觀世音，應該都讀過偷懶學！

大凡一位成功的人士不需要天下無敵，樣樣精通，只要找到正確的人來幫他偷懶就會天下無敵！王品的老闆戴勝益無須親自下廚，不用去泡咖啡，更不用自己去洗衣、拖地、倒垃圾，而只要培養出好的幹部就可以幫他偷懶！郭台銘創造了鴻海王國日理萬機，但**何謂日理萬機？很簡單，就是每天指派員工幫他偷懶！**

故洪子曰：「怎麼看出一個人是成功者？很簡單，觀察幫他偷懶的人多不多！越多人願意幫他偷懶的就越成功！什麼是普通人？凡事靠自己的人！」。所謂雙拳難敵四手，喬峰武功天下無敵，聚賢莊一戰落荒而逃。呂布英名蓋世，虎牢關前遇到劉、關、張也是敗下陣來，原因何在？猛虎不敵群猴也！

偷懶動曾問洪老聖太爺為什麼能夠能兩次高票當選民意代表？洪老聖太爺說了一句令人深思的話：「能選上不是我的功勞，也不是我特別優秀，更不是我人脈廣闊，都是靠黨的栽培與鄉親的支持，我只是被提名參選，負責握手鞠躬而已！其他都是別人幫忙的！」因此洪老聖太爺能當選民意代表，靠的竟然也是偷懶二字！

所以各位看倌想要成大功、立大業，對於偷懶學這本書必須苦心鑽研，夙夜匪懈，貫徹始終，努力讓人願意幫你偷懶，方能平步青雲，站上金字塔頂端！

成功的人之所以成功
就是懂得找人幫他偷懶

偷懶學第四課
會偷懶才會成功

偷懶學初級基本教材
白癡偷懶王英烈傳

父女雙雄

話說吾友白痴偷懶王一號偷懶勳回到台灣後逐漸不綁安全帶，因為台灣當時在一般道路上不用綁安全帶，偷懶勳每次綁安全帶的時候都會被別人笑怕死。偷懶勳為保存一世英名，入境隨俗，久而久之也忘了如何綁安全帶。後來台灣開始實施一般道路要綁安全帶的規定後，偷懶勳懶惰成性抵死不從，也都沒事，不禁開始沾沾自喜，為自己偷到的懶暗爽在心底。沒想到有一天在上班的路上被埋伏在一邊戴帽子的宵小

「卡擦」一下！偷照了一張，這下節儉成性、一毛不拔的洪摳王損失了九百元。洪摳王當場拿出祖傳的算盤算了一下，綁個安全帶兩秒，因為這兩秒的偷懶花了九百元，若洪摳王多花個兩秒綁個安全帶則省下九百元，一秒鐘賺四百五十元，每分鐘賺兩萬七千元，每小時賺一百六十二萬元，每日賺三千八百八十八萬元，每月賺……。洪摳王算到這裡頓時大驚失色，終於發現他一生失敗的原因了，答案是：一，他是白癡；二，他又喜歡偷懶。

還有一次偷懶動闖紅燈快了二秒付一千八百元，每秒九百元。但最糟糕的一次是偷懶動在高速公路上開車時速一百二十二公里，等於是超速一公里被逮，快了一秒就要罰三千六百元（註：以前國道三號限速一百一十公里，寬限十公里，所以一百二十一公里以上才會被照相或攔下，但超速的罰鍰要從一百一十公里起算。）。偷懶動賺了一兩秒，白花花的銀子就飛了，真是一寸光陰一寸金，一秒三千六百元。還好這只是罰單錢，沒有意外事故發生。

吾友白痴偷懶王二號偷懶裏（偷懶動之虎女），自幼英明神武，頗得偷懶動之真傳，和豬朋狗友唱個KTV花了三千元面不改色，一付大姐頭的作風，為了省個計程車錢兩百元，酒醉駕車，稍為偷個懶打了小盹，然後就聽到乒乒乓乓好幾聲，六台汽車（加上偷懶動的愛車）的修車費一百五十七萬元整，還被開了一張價值十二萬元整的酒駕罰單，再加上公共危險罪。年紀輕輕，戰果輝煌，遠遠超越了偷懶動當年的成就，所有的損失可以搭乘一輩子的計程車都還有找，真是偷雞偷到陰溝裏去了！還好佛祖保佑無人傷亡，否則偷懶裏偷懶偷掉自己的小命都有可能。真是虎父無犬女，父女雙雄果非浪得虛名！

偷懶動一向主張自動自發，放任教育，希望偷懶裏終能有覺悟的一日，奮發向上。無奈偷懶裏進入叛逆期後，不但不覺悟，還努力向下，搞得偷懶動只好嚴加督導，親自陪寫功課。豈知道高一尺、魔高一丈，每天夜裡日理萬機，沒事瞎忙的偷懶動忙完工作已身心俱疲，回到家還必須檢查偷懶裏的功課。但偷懶裏不是沒寫就是鬼畫符，沒寫則陪寫，鬼畫符則重新修訂。而偷懶裏也不廢話，就這樣毅然決然邊打瞌睡邊應付偷懶動，應付到偷懶動自己趴在書桌上口水直流，呼呼睡去為止。

後來偷懶裏翅膀硬了，也懶得理偷懶動，第一個節目是拒絕升高職，因為她不喜歡和別人一樣，凡事必定標新立異，不屑與一般的麻瓜（哈利波特中的凡人）相同。

十天半月不回家乃屬正常，勒索、打人、拉K、吸毒甚至販毒，開創了更偉大的事業，小小年紀就進了輔導院，待了兩年多，出來後因為只有國中畢業，又努力大吃特吃，本來外表不輸給蔡依林，後來卻吃成一顆肥球。再加上龐克頭，就業不易，偷懶勳運用了所有的人脈關係，幫她找到幾份職業，例如；偷懶褱說想學修車，偷懶勳即刻幫她介紹到開修車廠的朋友那裏學修車。未料偷懶褱學了一個禮拜後，老闆要求她洗車，偷懶褱告訴他，老娘是來學修車，不是要來學洗車的，忿而走人。接著到加油站上班，一開始還有模有樣，頗為勤奮的樣子。本來偷懶勳還誤以為偷懶褱從此大徹大悟、步入正途，豈料不久後就開始三天二頭亂請假或曠職，站長只好請她走路。

之後，偷懶褱又到卡拉OK當服務生，待遇不錯，卻迷上賭博性電玩，每日一貧如洗。一貧如洗的結果，只好開始飛簷走壁，偷懶勳的存錢筒首先遭殃，老婆大人的金項鍊也不翼而飛，最後連偷懶勳三弟的退休紀念金牌也從空氣中消失。洪府祖厝事務的打理者洪三太爺，為了全家的安寧，終於將她驅逐出境！綜觀前述，偷懶褱找到工作後不是嫌東嫌西，就是愛上不上。雖胸懷大志，異於一般常人，但凡事能拖就拖，有捷徑絕不繞遠路，能坐絕不站，能躺絕不坐。不但青出於藍，而尤勝於藍，白痴偷懶的技術遠勝於偷懶動。偷懶襄自幼為了求生存想偷懶，練就了一身騙死人不償命的白賊神功（屬偷懶神功之旁門左道故不贅述）。記得偷懶襄四歲時，有一天托兒所老師很緊張地打電話來說：「洪先生，襄襄說她眼睛看不見了！你能不能馬上帶她去急診？」偷懶動騙小孩的經驗豐富，卻常被偷懶襄騙，聽了之後氣定神閒地問老師：「妳剛剛是否有叫她寫功課？」老師驚訝地說：「你怎麼知道？」偷懶動說：「小時候我也這樣，下課就好了。」老師半信半疑，一下課偷懶襄果然活蹦亂跳。

偷懶襄的白賊神功小小年紀就修練到這等境界，長大後天生我材必有用，終於被詐騙集團視為國之瑰寶，重金禮聘，下場自是壯志未酬先被捕。如今出國深造，靠政府供養，令偷懶動不勝敬佩，望塵莫及！

偷懶動身為心理學博士又是教育家，常常思考為什麼會創造出這麼偉大的接班人。後來又重讀麥格雷格（McGregor, D.）的X理論才了解，小孩子的教育是不可以偷懶的，順從天性的結果只會創造白癡偷懶王！只偷到眼前的懶，而看不見實際上所需要付出的更多代價！人類總是選擇阻力最小，最近的路，卻不知道這條路並不一定通向目的地，很可能是通向一條自己最不願意看到的路，甚至是地獄之路，完全違反當初偷懶的宗旨！

正是因為偷懶裏的刺激，偷懶勳終於悟出了偷懶學，發現偷懶有三種：一種叫做白癡偷懶王，代表人物偷懶勳與偷懶裏。越偷越累，偷到最後悽慘路屁（落魄），人生完全失控！另一種叫做聰明偷懶王，知道利用自己與某些人的經驗，減少錯誤的發生（例如走路會先看地圖），省下許多冤枉路。最後一種則是無敵偷懶王，此種人出入而無不自得，怡然自在，可謂已超凡入聖，位列仙班也！

故今日各位讀者能讀到偷懶學一書，最後一定要感謝偷懶裏，沒有她的啟發與指導，也就沒有偷懶學之一代宗師偷懶勳出現，偷懶學這本書恐怕還要再等一百年以後才會問世！

懶惰與偷懶是不同的
懶惰的人喜歡偷懶
偷懶的人不一定懶惰
凡人的悲劇誕生於愛偷懶
但不會偷懶

人呆為保

吾友穆拉先生努力向上，工作打拼，勤奮不懈，有情有義。且家境富裕，少年得志，年紀輕輕就當了甲級營造公司的董事長。穆拉先生為人海派，酒量有如長鯨吸海與敗家子偷懶勳臭味相投，二人因而義結金蘭，每天混在一起。當時一天的行程大概是早上勤奮上班，中午吃飯，然後上酒家，在酒家耗到傍晚，再帶人出來晚餐，晚餐後去酒店，酒店半夜三點打烊後，再去舞廳，最後去理髮店按摩，按到睡著。飽食終日，紙醉金迷，渾渾噩噩，過著神仙般的生活。

孰知好景不常穆拉兄因年幼喪母，對父親的女人不看在眼裡，言語多有頂撞，再加上恃才傲物，兄弟不合。導致大軍在外，宮闈兵變，在讒言與中傷的情況之下，穆拉兄的父親開始抽緊穆拉兄的銀根，要穆拉兄交出董事長寶座。穆拉兄辭去董事長之後，不屈不撓，開始自行創業，創立預拌混泥土廠，憑著人脈關係到處標會，借錢，貸款，狐群狗黨們當然都義不容辭瘋狂投資。偷懶勳平日白吃白喝穆拉兄慣了，自然是兩肋插刀，借票、借錢，再加上汽車貸款擔保，面不改色。但半年過去，偷懶勳常常陪穆拉兄跑三點半，穆拉兄身邊的狐群狗黨越來越少，偷懶動開始有點警覺，但始終相信穆拉兄的父親家財萬貫，虎毒不食子，「子債父還」的道理。有一天穆拉兄對偷懶動開口，央求偷懶動權充預拌混泥土廠銀行上千萬額度的票貼保證人。偷懶動心存疑慮，但酒肉兄弟、生死之交，「不」字始終說不出口。穆拉兄緊接著解釋所謂票貼，額度雖然上千萬，但票貼多少算多少，更何況有票進來就是有收入，票貼就是拿可以看見的應收款來借錢。偷懶動在穆拉兄口沫橫飛、滔滔不絕的拜託下，為了表示夠義氣，連合約內容都沒有看清楚就簽了！

終於有一天有情有義的穆拉兄像空氣般消失了，銀行帶著書記官來查封偷懶動的房子，在客廳貼了一個大大的「封」字！發現票貼加上車貸等欠款共計數百萬元，偷懶動平日揮金如土，貸款一大堆，自身難保，當場人生光明變黑暗，準備帶著老婆小孩一起燒炭自殺，不料窗戶沒關好，燒了半天沒死半個，只好叫老婆從冰箱裡拿出肉，改成闔家烤肉大會。

最後在洪老聖太母的幫助之下，偷懶動一家人才免於餐風露宿，流浪街頭的命運。還清債務後，法院終於撤銷查封，但洪老聖太母要偷懶動發下重誓，終身不得做保，為防止宵小再度央求偷懶勳做保，法院的封條永世不得拆除，以示警惕，。各位看倌若是不信，歡迎前來寒舍瞻仰，至今大大的「封」字還貼在牆上！

故事到此並未結束，經過將近十五年，當偷懶勳事業有成，春風得意時，突然接到了銀行向法院聲請的支付命令，聲稱穆拉兄當年在同一家銀行也辦了創業貸款一千萬，偷懶勳雖未當連帶保證人，但票貼的保證書內有一條「凡借款人在本行過去、現在，未來所貸之款項，票貼連帶保證人亦須負連帶保證責任。」，因此要求偷懶勳償還本金加利息近兩千萬元整！偷懶勳一陣晴天霹靂，當場太陽下山了，世界一片漆黑。結果一審敗訴，二審時法官對偷懶勳的眼光更是忘不了，簡直就把偷懶勳當做罪犯看待，偷懶勳問律師勝算如何？英明的律師說了一句話：「人呆為保！」果然二審又敗訴了！

偷懶勳一生清清白白，對於銀行如此蠻橫的制式合約當然不服，結果案子鬧到了最高法院，偷懶勳恭請了台灣商法權威敏雄無敵大律師出面幫忙，再加上包青天轉世的法官大人，偷懶勳終於沉冤得雪，重見天日，否則恐怕又要舉辦烤肉大會了！

偷懶動勝訴後回想著為何人生會變得如此多彩多姿，精彩絕倫，兩次都絕處逢生，仔細一想就只因為偷懶動當初偷了一個小小的懶，沒對穆拉兄說「不」，假如當時穆拉兄要求偷懶動做保，偷懶動張開嘴說「不」這樣一個字的話，也就不會一天到晚要舉行烤肉大會，或者當初在保證合約上偷懶動沒偷懶，仔細閱讀的話，也不必買那麼多的木炭。要不然清償債務後死皮賴臉跟銀行要一份清償證明（當初是銀行經理向偷懶動保證沒事了，不必再開清償證明。），也不會如此命運坎坷，花那麼多律師錢了！

偷懶動深深地體會到為什麼偷懶動會當選白癡偷懶王的原因，那就是偷了N個不該偷的懶，所以偷懶學初級基本教材就是……

先搞清楚
什麼事絕對不可以偷懶

兩點之間最近的距離　飛行員的難題

有一位技術高超的飛行員，每次由甲地到乙地的飛行都是走最直最近的A航線，並且油箱的油量總是加的剛剛好，飛機降落時一滴油也不剩。有一天他突然宣布要走另一條B航線，而且由甲地到達乙地的時間會分秒不差，而他加的油量也將一樣，不多一滴也不會少一滴。所有的人都認為不可能，因為大家都知道兩點之間最近的距離就是一直線，不可能有和A航線一樣近，甚至更近的航線了，更何況油量若不足這可是會墜機的，所以很多人勸他不要冒險，以免毀了一世的英名。但他不為所動還是出發了。在眾人緊張的期待下，我們這位英勇的飛行員竟然完美地達成了任務。請問為什麼？

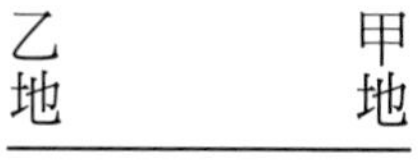

這個問題偷懶動一直找不到解答，因為它是高中時一位班上最優秀的同學問的，他頭腦非常聰明。那天在偷懶動和他下課回家的路上，他出了這題考偷懶動，偷懶動亂猜了半天，他一直笑著搖頭，結果來到了十字路口，路口旁有一座天橋，他看偷懶動腳不方便就建議：「我們走馬路吧！這樣比較近，過了馬路我再告訴你答案。」偷懶動和他沒走天橋而直接穿越快車道，沒想到貪這樣一點小近路，偷懶動的朋友竟然沒看到被天橋遮住疾駛而來的砂石車，而偷懶動也再也沒機會聽到標準答案了。

兩點之間最近的距離

飛行員難題的解答

這位朋友死了很多年後，偷懶動仍然思索著這個問題，直到唸大學的某堂地理課，

半夢半醒之中聽到了「大圓航線定理」偷懶動才突然驚醒，恍然大悟原來地球是圓的，甲地與乙地竟然是分別在地球的另一端。A航線不是唯一最近的距離，B航線甚至C、D、E……有無限的航線都是。而事實上這些還都不是甲地到乙地之間最短的距離，最短的距離是穿過地心，但那是飛機不是鑽地機。（見上圖）

有一次上課中洪教授問學生：「兩點之間最近的距離是什麼？」大家異口同聲回答：「直線！」其中教室裏最右邊最後一排的那位同學答得最大聲。洪教授要求他：「那你用最近的路走到我面前。」他毫不猶豫的站起來向左橫過四個同學，然後沿著教室中間走道直直的走到洪教授面前。洪教授問他：「這是剛才我們兩點之間最近的距離嗎？你為什麼不走直線，我不是說最近的路嗎？」他抓抓頭說：「教授大人，我若走直線的話，必須爬上桌子，英勇地踩在同學的頭上前進，才可以直線抵達您的面前，同學不把我打死了才怪，路是比較近，但實際上死路一條！」他笑了，全班也笑了！

「好！謝謝你的表演。各位你從屏東到花蓮要怎麼走？由南迴公路到台東再接花東公路？還是直接走直線穿越中央山脈到花蓮？穿越中央山脈是比較近，但實際上更難，耗費的時間也越久！」

其實「兩點之間最近的距離是一直線」只存在數學課本裡，並不一定存在於現實生活中。沒有誰的人生都可以走直線，因為走直線的人生處處會碰壁。當你的房間與隔壁的7-11只隔著一道牆時，你如何到隔壁的7-11買斯樂冰？是繞到大門口再彎過去？還是撞倒牆直接過去？」

當偷懶動在咖啡店裡看到旁邊坐著一位偷懶動心目中的夢中情人，偷懶動直接走過去說：「小姐，我們去H開頭的地方好不好？」

小姐回答：「先生，什麼是H開頭的地方？」

「H開頭就是H－O－T－E－L。」

請問這位小姐會不會當場賞偷懶動兩巴掌？再加上一句：「變態！」雖說這是最直接最了當的示愛方式，但能成功嗎？根據偷懶動豐富的求愛經驗，追求女孩子往往先喝個咖啡，聊個是非，眉來眼去，再吃個飯，看個電影，唱個KTV，最後才去H開頭的地方，而不是直接就上旅社。但雙方都明白上H開頭的地方，才是偷懶動的目的。

現實生活中很多事不能直來直往，譬如向好朋友借錢，久久不見，見面就開口，好意思嗎？就連偷懶動跟老婆做個愛還要先自動幫她洗碗掃地，否則有被踢下床的危險。

從前一座大佛寺的住持知道自己將不久於人世，為了尋找接班人，這位得道高僧把全寺的弟子找來，帶到寺廟後的斷魂崖下並宣佈只要誰最先爬上斷魂崖，誰就是接班人。話一說完，幾乎所有的弟子都衝上去開始徒手攀岩，沒多久有些弟子發現太難爬就下來了，其他摔的摔、跌的跌，但為了爭奪住持的大位，大多數前仆後繼，摔了再爬，努力不懈，結果爬得越高摔得越慘，有的斷了手，有的斷了腳，甚至最後還有人當場摔死。住持不發一語在崖下盤膝而坐，冷眼旁觀，他看到他心愛的七弟子竟然沒有去爬斷崖反而走下山去了。一天過去了，沒有人爬上斷崖，但還有人不放棄，兩天過去，摔死的更多了，但還是有人不放棄。第三天清晨，斷魂崖下起了一陣騷動，因為大家看到沒有去爬斷魂崖的七弟子竟然站在斷魂崖上。

在住持的交接典禮上，老住持當眾問新住持：「你告訴大家，你是怎麼上斷魂崖的？」「報告師父，當時我並不想爭奪住持的位子所以就下山了，但是看到師兄弟為了得到住持的位子死的死、傷的傷，哀號聲不斷的從背後響起，我忍不住回頭，回頭時在山下我看到一條小溪從斷魂崖後山流出，為了避免更多的人傷亡，我順著溪想找出山後的路，沿著溪走到斷魂崖後面，繞過一大段路，穿過森林，溯著溪水的源頭，走了兩天兩夜就走上斷魂崖了。」

原來通往斷魂崖頂最近的路就是直接爬上去，但卻太陡峭，太危險，甚至根本爬不上去，反而山後的遠路，羊腸小道，繞來繞去才到得了崖頂。住持的大位使很多人看不到斷魂崖的危險，急功近利的心也使人看不到另外的一條路，只想走近路的人，永遠只能爬到斷魂崖的某一點，一輩子走不到頂端。反之，心不貪的人才看得出斷魂崖的危險，退一步的人才能看到別的路，走路一步一腳印的人才能登上頂峰。

波士頓是一座山城，很多建築家對於它的馬路非常讚歎，因為波市的馬路完全順著地形而設計，既不陡、也不峭，十分平順好走，不像舊金山的黏巴達路忽上忽下，有如雲霄飛車的軌道。而設計波士頓馬路的偉大建築設計師是誰呢？說起來各位看倌可能不相信，答案是牛，是波士頓的牛。原來波士頓從前是一個牧場，四處都是牛，牛群每天四處晃來晃去，久而久之就走出了一條路，一條順著地形，阻力最小、最好走的路。阻力最小的路是最快最輕鬆的路，而不是最近的路。

水往低處流，遇到大山大石就轉個彎，水會流到哪裡看地形就知道，動物的行動也受制於地形，牛會選擇一條最輕鬆最好走的路走到目的地，人也是一樣，但只有練成天眼通的人才能看出哪一條路是真正最近的路。偷懶動的朋友雖然知道飛行員難題的標準答案，但卻看不到被天橋遮住疾駛而來的砂石車，結果走了一條永遠到不了的路。

很多人都自認個性耿直，直話直說而洋洋自得，但在人際溝通中往往會走上一條無法溝通的路。像做愛一樣，溝通需要前戲，沒有建立彼此的好感，沒有考慮對方的立場，是很難溝通的。所謂水到渠成，只要拉力大於阻力的溝已經挖通，水自然流到你準備好的蓄水池。偷懶也是一樣，最近的路不一定偷得到懶，最輕鬆、最近的路可能是一條通向死亡之路。有時候走遠路才有懶可偷，白癡偷懶王等必須三思再三思！

兩點之間最近的距離在現實中往往不是直線

偷懶學終極基本教材

成功者與失敗者的區別

偷懶勳高中讀了六年，大學讀到第五年，眼看著還無法畢業時，洪老聖太爺看著偷懶勳滿江紅的成績單，問了偷懶勳一個問題：「考試及格比較容易還是考不及格比較容易？哪一個付出比較多？」

偷懶勳不假思索地回答：「廢話！當然考不及格比較容易！根本不用付出就可以考不及格了！」

洪老聖太爺不動聲色地問：「假如不及格要重修呢？」

偷懶勳愣了一下：「重修就重修唄！」

「重修要不要多花錢？要不要多花時間？要不要重頭再來？」

偷懶勳一時語塞答不出來。

洪老聖太爺再問一次：「考及格與考不及格哪個付出的代價多？」

霎時偷懶勳冷汗直冒，突然發現青少年時代，付出了多少時間在不及格的科目上，重修再重修，留級再留級，每天低著頭走路，受人唾棄，被人看不起，人生完全失敗，沒有自由自在的時光，生命了無樂趣，答案就是因為常留級，考不及格。

洪老聖太爺見到默然無語的偷懶勳說：「人生很多事情做不好是要重修的，你一次沒做好就要做第二次，兩次沒做好要做第三次，值得嗎？」

偷懶勳雖然沒有回答，只是低頭看著地上的螞蟻搬家，但深深覺得洪老聖太爺講的話很有道理，結果把原本要四年大學讀成七年醫學院的志向改成了六年。後來偷懶神功練成後，才發現最偷懶的方法就是一次給它及格，一次就把事情做好！

故洪子曰：「成功者（聰明偷懶王）與失敗者（白癡偷懶王）的最大區別就是：成功者分得清楚**什麼事可以偷懶，甚至應該偷懶**。

白癡偷懶王失敗的主要原因就是每件事都想偷懶，而且用最白癡的方法偷懶。

人生中有些事情是無法偷懶的！

最偷懶的防身術

話說住在洛杉磯的偷懶動覺得世風日下，人心不古，打開社會版，不是殺人就是搶劫，甚至莫名其妙就被人打死的新聞比比皆是。當初會搬來住愛爾蒙地（Elmonte）的小社區是因為看到大街上一個標語上面寫著「這裡是洛杉磯第三安全的城市」，沒想到社區裏不是老墨就是老黑，吸毒、販毒、賣淫的一大堆，地上彈殼、針筒、針頭隨處可見，馬路上一天到晚警笛聲響個不停、警察進進出出。

為了避免客死異鄉，順利學成歸國，偷懶動痛下決心決定苦練鐵砂掌防身。在精研了幾本鐵沙掌秘笈之後，發現練鐵沙掌的方法只有一種，那就是必須每天把手放到鐵沙裏鏟來鏟去，再鏟來鏟去，鏟個七七四十九天則有小成，一掌打死七隻螞蟻沒問題。七七四十九年後則大功告成，不輸鐵掌水上飄仇千仞的功力。但唯一的條件就是每天我鏟、我鏟、我、鏟、鏟、鏟，努力地鏟，拼命地鏟，毫無樂趣也沒懶可偷。一向有恆心、有毅力的偷懶動看到這裡，不禁闔上秘笈掩卷長嘆，恐怕還沒等到練成之日，偷懶動早已身首異處，客死他鄉了！只好忍痛放棄成為鐵掌動的念頭。

但是身處險境，不防身又不行，但偷懶動一向偷懶成性，於是聰明的偷懶動努力思考的結果，突然想到電影裏武林高手又叫又吼比劃了半天，一出手就被人一槍打死的鏡頭，立刻轉念打算買槍防身。買槍可比練鐵沙掌輕鬆多了，而手槍的功能又遠勝於鐵沙掌。想到這裡偷懶動樂不可支，心裡大讚自己真是英明蓋世，正在高興的當頭，偷懶動又想到買槍之後還是要每天擦槍、洗槍、裝子彈、學習用槍，學習用槍時還要請教練、練習打靶、射擊，還是沒懶可偷！

正當坐困愁城的當頭，偷懶動想起了小時候至聖先師孔老夫子曰過的一句話：「危邦不入、亂邦不居」，打算來個孟母三遷，走為上策，又想到房租，搬遷費，再加上搬遷工程浩大，恐怕會更累，更無懶可偷！

最後偷懶動靈光一閃，買了一條白毛巾，隨時帶在身上，遇到槍戰時，立刻綁在拐杖上，拼命高舉搖晃，以免被誤殺。果然後來雖曾歷經刀光劍影、槍林彈雨，但在白毛巾的庇佑之下，畢竟還是安全歸國，得以安享天年。不過事後想想要防身，買白毛巾、綁在拐杖上，在槍林彈雨中拼命高舉搖晃，這些事還是不能偷懶的。

美夢成真的秘密

人生三大願望：健康、聰明、美麗。

想健康就要運動。

想聰明就要學習。

想美麗就要化妝、保養、整形。

當然我們可以找一項最有趣、最輕鬆、最省力、最有效、最偷懶的方法運動。

我們可以用一種最有趣、最輕鬆、最省力、最有效、最偷懶的方法學習。

我們也可以用最先進的、最輕鬆、最省力、最有效、最偷懶的方法整形、保養、化妝。

不過你還是要運動、還是要學習、還是要整形、保養、化妝。

去非洲的方法

有一次偷懶動想要去非洲，偷懶動先請助理從網路上找資料，再請旅行社代辦手續、買機票，甚至偷懶動連嚮導都請好了，可是偷懶動到現在還沒去過非洲，因為他始終沒有出發。

有人說唐僧取經若沒有孫悟空，豬八戒、沙悟淨也去不了西天，但唐僧若不出發也遇不到他們。所以去非洲，去西天，完成任何事，「出發」這個步驟是不可以偷懶的。

偷懶動總希望能中樂透，因為中了樂透就不必辛辛苦苦賺錢，可是你不出發去買樂透永遠也不會中樂透，所以「出發」買樂透為中樂透的必要條件，想偷懶的人必須先出發完成一些偷懶的必要條件才能真正的偷到懶。故洪子曰：「唯有出發才能去非洲，唯有出發開始偷懶才能偷到懶。」

價值一百萬的偷懶秘技

亞伯拉罕鋼鐵廠連續幾年虧損一億美金，老闆請了一位顧問師李維先生，請教他有何方法可以轉虧為盈。老闆很無奈地告訴李維：「訂單不是沒有，工人也都忙得要命，但卻連年虧損，到底毛病出在哪裡？」

李維花了三天的時間看了整個工廠，發現工人都很努力的工作，甚至忙得團團轉，老闆也忙進忙出。三天後老闆接見了李維並請教：「顧問先生，請問你找出原因了嗎？工廠需不需要大變革？」

李維說道：「你只需要做到三件事就可以了！」

老闆問：「哪三件事？」

李維道：「第一：要求所有主管把每天要做的事列出來。」

「這個我們有做到！」老闆回答。

「第二：把最重要的事排在前面，依次類推。」

「這個，我們能做到！」

「第三：每天從最重要的開始做，做完後再做第二項，不用全部做完，每天至少完成三項至六項，剩下的就算了或再排入明天的行程。」

「就只有這樣？」老闆問。

「就只有這樣！」李維堅定地望著老闆。

「那這顧問費怎麼算？」

李維回答：「我的建議只有二十秒，你照著做，一年後你看看功效再付錢給我。」

一年後鋼鐵廠由虧損一億美元變成盈餘一億美元，李維先生收到了一張一百萬的支票。

偷懶的訣竅

就是對有關目標的取捨，有關資訊的取捨，有關事務的取捨。

所以必須學會取捨

為什麼時間不夠用？為什麼書都看不完？為什麼事情都忙不完？

~**不會取捨**~
為什麼可口可樂能勝過百事可樂？為什麼麥當勞只有六號餐？
~**知道取捨**~
為什麼別人會成功你會失敗？
~**不會取捨**~

偷懶不是不勞而穫，而是少勞多穫

第二部 偷懶神功

偷懶神功第一招

吸星大法

吸星大法是一種上乘的武林絕學，練成後可以吸取別人的功力，練到最後天下無敵，只是你必須能消化別人的功力，引為己用。

笑傲江湖後傳

話說任我行駕崩之後，盈盈與令狐沖順利成婚，武林同道賀客蜂擁而至，婚後令狐沖與盈盈將日月神教交給向問天管理，從此笑傲江湖、遊山玩水，遠離世俗，仙福永享了。

向問天接掌日月神教後，準備勵精圖治，大展身手，因為受到令狐沖的薰陶，故打算來個人性化管理，他深知教眾在任前教主機械化的管理之下，多數乃屈於淫威，服了三屍腦神丹才心不甘、情不願效命於日月神教，實則管理階層之間存在著很大的芥蒂。所以為了改善雙方的關係，提高教眾的向心力，增加神教的生產力，向問天打開黑木崖的丹藥庫，發放給所有教眾每人一枚三屍腦神丹的解藥，並要求大家解除心結，做一個堂堂正正的自由人，為神教效忠，光大神教。結果所有的教眾當場感激涕零、呼天搶地、人人都流下了感恩的淚，並發誓永遠效忠日月神教。

前三個月日月神教的人上下一心，努力奮發，不但向心力提高，生產力也提高了。向問天正在洋洋自得，心花怒放、陶醉於自己人性化管理的成效之時，忽然接到一封密函，函中寫著有一些不肖的教眾居然開始偷雞摸狗，怠忽職守，甚至違反教規。向問天立刻要求各壇主嚴加監控，據實紀錄與稟報。壇主們平時花天酒地十分忙碌，如今還要監控記錄屬下的行為，工作量增加，個個苦不堪言，常有疏漏。為了減輕各壇主的負擔、增加行政效率，向問天替每一位壇主請了一位秘書負責記錄弟兄們的行為，為此神教不得不多支出一筆銀子。

這些壇主們與秘書因為沒有這種經驗（以前大家吃了三屍腦神丹全部都是乖乖牌）據實紀錄時偶有錯誤，造成一些教眾對管理階層的人不滿。而被列入黑名單的某些人，為了逃避責罰竟然叛教逃亡。向問天認為根據「破窗理論」（broken windows theory）不將這些人逮捕歸案無法服眾，只好又聘請殺手追殺，結果人事成本與殺手的車馬費急速升高。更糟的是天下之大何處不可容身，逃離神教從此過著幸福快樂的大有人在。結果叛教的人越來越多，向心力急速下降，教眾的生產力也越來越低。

經過了一年之後，向問天與各大壇主討論的結果，下令每人定時吞食三屍腦神丹，叛教的人潮才從此遏止下來，不過神教的元氣大傷，教眾只剩下了二分之一。

向問天失魂落魄的來到任我行的書房，隨意翻動任我行的日記，其中有一頁竟然寫到他創立神教之初曾經一度讓所有的人吃下假的解藥，藉此試探他們的忠誠度，結果幾乎讓神教瓦解，而向問天後來也聽到教中的長老說東方不敗也有類似的情形。至此，向問天才領悟到原來人性化管理在日月神教是不可行的。

好了！故事結束，請問我們的向問天大哥到底犯了什麼錯？主要的錯是什麼？偷懶動率先搶答：「那還不簡單！他不該讓教眾吃解藥，因為魔教的教徒原非善類，給他們自由就會為非作歹！」。正當偷懶動回答後，擺出一付洋洋自得的表情時，沒想到晴天霹靂，聽到天上一聲大喝：「答錯了！」，只見任我行站在雲端向偷懶動氣憤地道：「向問天這個白痴偷懶王最大的錯就是不學老夫的吸星大法！沒有仔細去研究老夫的遺訓，沒有事先找長老商量給解藥的事。真是氣死我了！氣死我了！老夫和東方不敗的日記放在桌上多久了，那兩本日記是我們畢生功力之所在，裡面包含了吸星大法和葵花寶典，結果他竟然連吸都不會吸，翻都沒有翻，痛哉！痛哉！」。說完任我行又道：「老夫插花完畢。去也！」。偷懶勳見那任教主來去如風，真是好個任我行，連忙合掌焚香恭送任教主，口中大呼：「文成武德，一統江湖！恭送教主！」

偷懶勳日後回想，假設向問天接掌神教後每天努力恭研任教主遺訓或事先找長老討論給解藥的事，日月神教也就不會被他搞得元氣大傷，因為他的新措施使得神教空轉一年，造成巨大的損失。換句話說，假如向左使會吸星大法，能早點研讀任教主留下的聖訓，吸取教主大人的功力，日月神教也不會遭此浩劫了！

舊石器時代約起於五十萬年前，新石器時代則約起於五萬年前，而鐵器時代距今約四千年，機器動力時代在兩百多年前從瓦特發明蒸汽機開始，十幾年前人類進入了奈米時代。為什麼從舊石器時代進步到新石器時代要花四十五萬年？新石器時代進步到鐵器時代只花了四萬六千年？比舊石器進步到新石器少了四十萬年？鐵器時代進步到機器動力時代才花了三千六百年？比新石器進步到鐵器時代少了四萬年？而機器動力時代進步到現在的奈米時代卻僅僅花了短短的二多百年？更遠遠少於鐵器到機器動力時代三千多年？未來的進步將呈現等比級數，進步的速度將由幾十萬年、萬年、千年、百年、十年，到年、月、日、時，甚至分、秒，變成真正的日新月異！偷懶動相信不需要再幾十年以後，人類將會進入另一個無法想像的時代，為什麼？因為人類比其他動物更厲害的原因就是——人類的吸星大法比一般動物厲害，動物只會吸取今生的經驗，而人類不但會吸取前人、他人的知識，人類還會累積知識，會傳承與傳遞知識，尤其是在網路時代開始之後！

對人類而言，知識的取得越容易，知識的累積與保存就越容易，知識的傳承與傳遞也就越普遍，結果當然會造就時代與時代之間的進步、交替越來越快，由四十六萬、四萬六千、三千六百、兩百五十、XX年……遞減。這種幾乎以等比級數進步的速度來自於人類的世代不斷的以吸星大法吸取了前一代的功力，甚至吸取了所有人類代代的功力！

有人問美國為什麼是世界上最強的國家？答案不是土地最大，不是物產最豐隆，更不是人口最多，而是美國最早普遍傳授吸星大法——實施國民義務教育！提早把功力灌到所有的下一代。台灣為何有台灣經濟奇蹟？答案也是教育的普及化。而日本在二次大戰後，何以從戰敗國到海盜王國，最後再成為世界的經濟強國？大陸與印度為何興起？答案也是一樣。因此誰先練成吸星大法，努力的吸，誰就會是老大！

每當我看見神鵰俠侶中郭靖與黃蓉死守襄陽城，郭靖死後襄陽城被蒙古大軍攻破這一段，偷懶勳常常扼腕嘆息、臨書涕泣。假如偷懶勳是郭靖的話，會把降龍十八掌傳授給襄陽城所有的老百姓，讓所有的老百姓努力的吸，用力的吸，吸到每個人都變成郭靖，四萬個老百姓變成四萬個郭靖，戰力瞬間提高四萬倍，那時蒙古兵不屁滾尿流、飛奔而逃才怪！可惜郭靖生得太早無緣認識英明的偷懶勳，沒有傳授降龍十八掌給所有人，正如任我行沒有傳授吸星大法給向問天一樣！

偷懶勳小時候常常偷懶、常常犯錯，而且是一錯再錯，錯來錯去不外乎同樣的錯。例如沒寫功課、賴床、尿床、燒房子、翹課……等。有一天功課又沒寫，結果當場被逮，在一陣竹筍炒肉的音樂之後，偷懶勳完成了作業，洪老聖太爺道：「功課沒寫完最後要不要寫？」

偷懶動頭低低地答道：「要！」

「你喜歡先聽竹筍炒肉的音樂以後再寫呢？還是直接寫一寫？」

「直接寫一寫。」

「那你為什麼常常不寫呢？同樣的牆你還撞不怕嗎？為什麼這條路走不通你還是要走？為什麼同樣的陷阱你要重複的掉進去，摔得頭破血流呢？不要再把生命浪費在同樣的錯誤上了！」

「可是老師說有志者事竟成，只要堅持你的心願，有一天你的願望會達成的。這面牆雖然撞不倒，但是有一天搞不好它會倒，愚公移山不是很好的例子嗎？」，此時英明的偷懶動又開始變成皮卡丘的弟弟皮在癢了！果不其然又是一陣竹筍炒肉的絲竹聲伴著慘叫聲，然後偷懶動聽到英明的洪老聖太爺慈祥的聖訓：「愚公為什麼被稱為愚公？愚公受人尊敬的原因並不是愚公終於把山移走，而是愚公堅忍不拔的信念與精神。要不是這種堅定不移的信念與精神感動了玉皇大帝，幫他把山移走，你認為愚公能把山移走嗎？到底愚公是搬家容易呢？還是移山容易？移山所需的人力與物力可以用來做很多事，何苦要用來移山呢？聖人顏淵成聖的原因不外乎「不貳過」三個字，錯誤是要付出代價的，不貳過能少走多少冤枉路？能節省付出多少代價？前人的智慧你要學起來。」

洪老聖太爺說完後，拿出一本「吸星大法」要偷懶勳好好地研究研究。教導偷懶勳要向顏大聖人看齊，並特地帶偷懶勳到省政府前的國父銅像下與 國父合影留念。偷懶勳記得國父銅像下有四個大字「救國救民」，每當看到這張照片，偷懶勳就體會到洪老聖太爺這般望子成聖的心情，希望偷懶勳將來能苦練「吸星大法」得道成聖，像 國父一樣救國救民。可惜偷懶勳大學聯考時就是因為吸星大法火候太差，抓住國父遺像猛吸，三民主義才吸到三十九分，差點名落孫山，不要說救國救民，能自救就不錯了！

長大後偷懶勳慢慢的了解顏淵成聖的原因在論語雍也篇裡寫的很清楚，哀公問：「弟子孰為好學？」孔子對曰：「有顏回者好學，不遷怒，不貳過。不幸短命死矣！今也則亡，未聞好學者也。」原來孔門弟子中真正肯苦練吸星大法的只有顏回而已，不貳過是猛吸自己的功力，好學是吸取別人的功力，內外雙修的結果自然得道成聖，可惜顏回沒有練成分身術，無法成仙，只能獨善其身而無法救國救民。

根據時代的進步，現代人成仙的比比皆是，「不貳過」這招已經發展到「不過」，「不過」的意思就是不犯過，因此孔老大的這句「人非聖賢，孰能無過，知過能改，善莫大焉。」的名言已經落伍了。吸星大法練到一定的火候時（大約第四層），就已經可以吸取別人犯下的過錯，而不犯同樣的錯誤。這不是已經到達了「無過」的境界？偷懶偷到連犯錯都可以偷懶，不亦偉哉！幾人能敵？

偷懶勳為了實踐洪老聖太爺救國救民的聖訓，並回饋各位讀者忍痛花錢來購買偷懶勳的巨著「偷懶學」一書，特此公布吸星大法的心法，此一心法為千古不傳之秘，勤加修練後必能脫胎換骨，大偷特偷，大吸特吸，輕輕鬆鬆增加一甲子以上的功力，到達古今中外前所未有的境界！偷懶勳在此獻出五十年的功力，各位千萬不要錯過，對準偷懶勳的脖子猛吸，各位看好了！吸星大法的心法就是：

多聽、多學、多讀書

大家應該都聽過，如何看得比巨人更遠？答案是站在巨人的肩膀上。如何站在巨人的肩膀上？答案是利用吸星大法多看、多學、多讀書，吸取巨人的高度，再加上自己的高度，你就會比巨人更高。別人嘔心瀝血三十年、五十年，受盡千辛萬苦所得到的珍貴經驗，費時數年才完成的大作，你十個小時就看完，十個小時就吸光光，十個小時就站在他的肩膀上，請問划算不划算？偷懶偷得爽不爽？多不多？偷懶效益無法計算，而讀書是一種最迅速吸取巨人功力的方法，瞬間變成巨人，一個舊石器時代的人智商就算是一萬八他也搞不出一台電腦來，而現在一個智商一百的資訊管理科的五專生隨隨便便就可以組出一台電腦來。原因何在？讀書、受教育吸收知識而已！古今中外世界第一流的人物如比爾蓋茲、國父、毛澤東、巴菲特、賈伯斯及洪老聖太爺等都勤練吸星大法，每個月至少都要K個幾本書，大吸特吸。所以偷懶神功第一招就是吸星大法，吸星大法的入門功就是讀書吸取知識。

人類學習的方法透過三個程序：知識產生經驗，經驗產生知識，知識與經驗產生智慧。吸星大法是上帝賜給人類的最佳禮物，甚至神話中的動物練到極致也可以成妖成精、化成人形，人類練到極端可以成聖成仙，人類與動物最大的差別在於只有人類能發揚光大吸星大法，大多數的動物終其一世只能停留在吸星大法的最底層。吸星大法共分為四層，某些人與大多數的動物處於吸星大法的第一層「不知不覺」，是為

「白痴偷懶王」，代表人物偷懶裏與偷懶動，功力太差常常有吸沒有到，又偷懶不肯努力吸。根據滾雪球原理，雪球太小又不努力滾，所以滾不出個所以然來。因此知識無法轉換成經驗，經驗也無法轉換成智慧。智商如海豚、殺人鯨等高智商的動物，為什麼演進不出什麼文明？答案是它們的吸星大法還是只能停留在最底層，無法吸取上一代與別的同類的功力。佛陀轉世十萬次才成佛，大概有八萬八千八百八十八世是處於「不知不覺」的境界，所以脫離「不知不覺」的最底層自然是修練吸星大法的第一步。

第二層的境界稱之為「漸知漸覺」，是為「初級偷懶王」，慢慢瞭解了吸星大法的好處，了解「書中自有黃金屋，書中自有顏如玉」。願意利用吸星大法的鑰匙「讀書、學習」來迅速吸取別人的功力，有吸有機會，開始努力吸。在這層級切莫躁進以免走火入魔，有時好像吸到了卻不能化為己用，原因是雪球還小，滾了半天才大了一點點。看倌都知道英文單字背到某個程度，背了後面忘了前面，雪球滾來滾去滾不大。這時有些知識無法變成經驗，有些經驗也無法轉化成智慧，有時卻又可以。大部分的人類可以到達這個境界，而佛陀在這階段中又轉世了八千八百八十八次才跳到第三層的「自知自覺」。

「自知自覺」的代表人物就是顏淵，號稱「聰明偷懶王」，已經學會到吸取自身的功力，可以把自身的經驗完全變為智慧，到達「不貳過」的境界，雪球能迅速滾大，成為聖人，而佛陀在這階層停留了八百八十八世才能達到第四層。

第四層是吸星大法的終極境界「先知先覺」，這類人物叫做「無敵偷懶王」，到了這個境界已經到達「無過」的境界，知識直接化為智慧，別人的經驗也可以化為智慧，每天拿著蚊子拍飛來飛去，鞋底完全沒有塵埃，位列仙班，跳脫三界，出入自得。佛陀在這裡轉世八十八次，最後一世終於頓悟於菩提樹下，吸到了全宇宙的能量，直接轉化成智慧，立地成佛，天上天下唯我獨尊！

為何萬般皆下品，惟有讀書高？因為讀書後你就站在巨人的肩膀上，自然就高了！為什麼「士農工商」士排第一？因為士會利用吸星大法偷懶，偷吸取別人的功力，甚至吸取農工商的功力，農工商自然屁滾尿流，甘拜下風，投降大吉！

想要偷懶變聰明嗎？想要用最快的方法變得聰明又有智慧嗎？請快施展吸星大法，多多讀書吸取知識，吸取古今中外偉人的萬年功力，吸到所有的偉人盡皆烏青淤血，草莓盛開，精盡人亡！

然而練成吸星大法後，真的就無敵於天下、出入自得了嗎？請聽下回分解。

易筋經——百川匯流

話說令狐沖雖然被迫練成吸星大法，但吸星大法雖好，卻有反噬的大問題。傳授此神功給令狐沖的任我行，甚至因為無法壓制吸星大法所得來的真氣而暴斃身亡。所幸後來令狐沖從少林派得到易筋經，學習到以「百川匯流」的法門，將異種真氣導入正軌，並納為己用，終於解決了吸星大法反噬的問題。

吾友得意兄集吸星大法於一身，且能完全融會貫通，武功絕倫冠天下，可謂業界翹楚，江湖上無人能敵，終至攀上金字塔頂端。然而在事業極竟成功之際，有一天得意兄突然發現自己雖然事業有成、意興風發，但身旁真正的朋友卻怎麼會比以前更少，甚至朋友們沒事也幾乎從來不會主動找他。他不禁反覆思考著按理說自己的事業越來越成功，同時也自認待人還算大方，朋友自然應該是越來越多才對，怎麼反而真正的朋友卻越來越少，而且更糟的是連多年的那些老友也開始疏離他，因而百思不解。

所幸得意兄乃偷懶勳好友，某日特地帶了二串香蕉不恥下問前來向偷懶勳請益究係何故。然而從不知成功為何物的偷懶勳突然被得意兄一問，當場瞠目結舌不知如何回答。還好在數秒後，偷懶勳在驀然間福至心靈，想起自己雖然大大不行，但虎父犬子，洪老聖太爺卻可說是成功人士的典型。於是偷懶勳立即以洪老聖太爺英勇的事蹟，口沫橫飛、滔滔不絕、煞有介事的嘮叨起來：「家父在學歷、事業及財富上都算頗有成就，但他老人家深知謙受益滿招損的道理，一向都與人為善、謙沖為懷。就我所知，無論他老人家在成功之前或之後，他一直都是善待屬下與他人，別人跟他相處時不會有壓力，他老人家自然就只有朋友而沒有敵人，所以除了對於我這個不肖子頗有微言外，生活還算過得怡然自得。」

得意兄聽到此處似有所悟，點了點頭表示同意。只見偷懶勳受到鼓勵後，繼續手舞足蹈的說道：「家父以前常告訴我，一個人成功以後，千萬不要過於自傲、鋒芒畢露，否則縱使事業成功、富可敵國，做人也是失敗，不會快樂的。我記得他曾留給我的二句話是『得意冷然、失意泰然。』與『有理固然走遍天下，但得理切莫不饒人。』，對於家父他老人家的話自己雖然大表贊同，但生平卻只用過『失意泰然。』

那句話而已！」。偷懶動廢話完畢，突然聽見得意兄「啊！」的一聲，連連說了二句：「受教了！受教了！」，隨即留下二串香蕉，開著他的超跑乘風而去。據說自此之後，得意兄受用無窮，開始廣結善緣，不但老朋友紛紛都回來了，而且從此過著幸福快樂的日子。

有鑒於此，我們練成吸星大法後，雖然可以用力吸取別人的知識與智慧，但應如何將此些功力納為己用，自然又是第二個重要的課題，否則也同樣會發生反噬的情形。蓋將龐大的知識與智慧在短時間內硬生生地注入體內，功力自是大增。但若是無法學得以百川滙流的方式將這些功力導入正軌，並納為己用，則日後必將發生多道內力在體內亂竄、完全不受控制的反噬現象，這正是盡信書不如無書的道理。當然，本書自是例外，我們不但要盡信，而且一定要信得堅定不移，自不在話下。

吾友偷懶動平時必須拿枴杖才能行走，已屬中度殘障，為了避免看倌們修練吸星大法後走火入魔，憤而將拐杖動亂棒打成輪椅動，變成重度殘障，因此不惜冒著生命的危險，夜探少林寺，研究易筋經，如今嘮嘮叨叨、苦口婆心、不厭其煩地將化解吸星大法漏洞的易筋經百川滙流詳加說明，供各位看倌依法修練。

如何把大象吃掉

有人問日本武聖宮本武藏，如何一個打十個，宮本武藏答道：「一次殺一個。」。看倌在欣賞日本武士片時，可以發現主角們總是遵照武藏兄的名言占搶有利地勢，來一個殺一個。就算是被敵人團團包圍，也是依樣畫葫蘆，先殺先出手的，再殺跟著出手的敵人。同樣的道理，要吃掉一隻大象，不可能一口吞下，必須一口一口的吃。

練吸星大法切忌人心不足蛇吞象，貪多躁進，有的人看偷懶學，不到一天就看完，囫圇吞棗以為得到偷懶學的精髓，殊不知偷懶學之博大精深，絕非一朝一夕所能融會貫通。所以讀者應循序漸進，按部就班，仔細閱讀，詳加體會，日久方能有所成，否則日後走火入魔請自行負責。

孝道

有一天孔老先生的愛徒曾參翹課，孔子覺得很納悶，因為曾參是十分好學又守規矩的學生，不太可能會違反校規。沒想到第二天曾參的座位仍是空的，這令孔老夫子更加納悶。到了第三天，孔老先生實在忍不住了，直奔曾府準備一探究竟，順便催繳學費。沒想到一進門，就看見曾參包裹得像一具木乃伊般的躺在床上，全身貼滿撒隆巴斯，唧唧哼哼地呻吟著。

子曰：「何故至此？」

曾子不答。

子曰：「莫非被人K乎？」

曾子仍不答。

子曰：「何人如此兇殘？」

曾子還是不答。

孔老先生想了一下，曰：「難道是被令尊大人K？」

曾子細聲曰：「因誤斬瓜根，致家父不悅！」

子曰：「小小瓜根，為何傷成這般？令尊使何種兵器？」

曾子曰：「竹掃把而已。」

子曰：「竹掃把？你給我說清楚！」

曾子曰：「一開始用竹掃把，我就跪著給他打，我哼了兩聲，他叫我不准叫，我就不敢叫，因為您說父有命，不可違。」

子曰：「粉好，然後呢？」

「然後他看我都不叫，越打越氣，就換了兵器。」

「何種兵器？」

「快打旋風棒球棒！」

「啊！那你呢？」

「盡孝道，順父意！」

「結果呢？」

「家父才揮棒幾下，我就看到星星了，還聽到小鳥在叫，然後就躺到今天還無法下床！」

孔老先生聽到這裡長嘆一聲：「盡孝道，順父意？虧你還是孝子，萬一令尊擊出全壘打，你這條小命不就完了，請問你這不是陷父親於不義？完全違背了孝順兩個字的真義！」

曾子一聽嚇出一身冷汗，戰戰兢兢的問道：「那當如何？」

子曰：「首先父母管教子女時，理應使用輕型武器，而子女被修理時，亦應大吼小叫，哭爹喊娘，且邊跳邊閃邊跑。一方面可以讓父母出手不致於太重，減少傷害，另一方面可以讓父母多運動，鍛鍊體魄，但萬萬不可讓父母追不到，導致其氣急攻心，當場中風。蓋打小孩最高樂趣與境界就是追追打打，抓到後再狠抽個兩下，聽見鬼哭神號的聲音，方消心頭怒火，通體舒暢！而你卻像一個木頭人一樣，跪在那裏動也不動，哼也不哼，難怪令尊大人越打越氣，毫無樂趣，無法滿足！」

「還有，當父母祭出重武器如球棒、菜刀或電鋸時，則二話不說，先走為快，以免造成父母一時下手太重，誤殺而內疚終生。」

孔老先生這番話說得曾參有如醍醐灌頂，從此不再一味愚孝，每天洗三次澡，徹底反省自己所學來的知識，最後終於化他人之知識與內力為己用，當選二十四孝，人稱「宗聖」，萬古留名！

原來盡孝道，順父意不是一味聽從父母，不知變通，必須先融會貫通，審時度勢，投其所好。正如吸星大法，藉助外人內力，得到新知識之後須消化吸收，方能化為己力，不致反噬。誠如張無忌練乾坤大挪移也只有練到第六層，若照著第七層的心法硬練，無法圓融貫通，必將走火入魔，則明教亡已。吸星大法的口訣是多讀多看多聽，但選擇、理解、融會貫通則是必要的手段。

天下第一忠

明成祖占領南京奪得天下後，要求南方大儒方孝儒上表致意，歌頌成祖之豐功偉業，以昭告天下。方孝儒當場交卷，上頭提了兩個大字「逆賊」。成祖初到南方為了安服人心，念其為南方大儒，不便發作，強忍下來，囑其返家仔細斟酌後再上表。翌日，方孝儒再度獻表，明成祖含笑一看，竟仍是「逆賊」二字！

成祖大怒，曰：「汝不懼寡人誅汝九族乎？」

方孝儒曰：「十族亦無妨！」

明成祖氣得滿面通紅，大叫：「十族就十族，寡人今天就殺了你十族！」

結果方孝儒九族盡被誅殺，所謂九族非阿美族、排灣族、布農族……等，乃是自己，兄弟姊妹這一代，父母叔伯舅……再加上祖父母，曾祖父母，高祖父母，兒子，孫子，曾孫子，玄孫上推四代，下推四代。

有人問自古以來只有誅九族，第十族怎麼算？成祖說：「把他朋友算一族好了！」，結果他的朋友當場全部中獎，飛來橫禍，總計八百七十三人被誅遇害。成祖把方孝儒的親人一個一個在他面前處死，方孝儒自己的小孩行刑前哭哭啼啼的，反而當場被孝儒兄怒斥。方孝儒更是破口大罵明成祖，明成祖令人把方的嘴縫上，最後才將他斬首，這是明朝史上最慘的慘案之一。

所謂忠，偷懶動博覽群史，方孝儒之忠可謂無人能出其右，遠勝文天祥、史可法、屈原……等偉人，理當受封「天下第一忠」。犧牲自己和八百多個至親的性命，轟轟烈烈地誓死盡忠，前無古人，後不見來者，但為何教科書及古聖先賢沒有大肆褒揚，予以獎勵？蓋盡忠歸盡忠，自己愛盡忠或投降是你家的事，何苦找這麼多至親好友陪葬，文天祥盡忠只死他自己，親友旁人自然敬佩，用力鼓掌，但試問方孝儒的親友會用力鼓掌，稱讚方孝儒幹得好嗎？更何況自古云「忠孝不能兩全」，到底是忠重要？還是孝重要？對一般人而言是親人重要？還是皇上重要？

有一次上課時洪教授問學生：「所謂五倫何者為要？」

學生答：「自然是君臣，然後父子，再來是夫婦、兄弟、朋友。」

「請問蔡英文掉到水裡，令尊掉到水裡你先救誰？」

「當然是家父了！」

「為什麼？」

「因為蔡英文當總統，需要強健的體魄，應該多運動，多游泳！」

「那麼父子比君臣重要了？」

「可以這麼說。」

「那麼父子與夫婦呢？」

「當然是爸爸重要！」

「假如令尊與老婆掉到水裡，你先救誰？」

「先救老婆！」

「你不是說爸爸重要？」

「爸爸年紀大了，也需要多運動多游泳。」

「那小孩掉到水裡，老婆也掉到水裡時怎麼處理？」

「先救小孩！」

「這又是為什麼？」

「老婆產後身材變形，需要多運動多游泳。」

從同學的口中很明白的顯示，課本上明明是君臣、父子、夫婦、兄弟、朋友，但在現實人生中是有差距的，所謂親疏遠近萬不可讀死書。方孝儒為了一己之忠而犧牲了所有至親的人，相信就算是他的親人恐怕也無法諒解吧！

方孝儒飽讀詩書，吸星大法不可謂不強，但吸了古人的功力後卻食古不化，不知變通，融會貫通，若真要盡忠的話，當夜自殺殉主不就得了，何苦拖累家人、激怒明成祖呢？事實上，我們時常可以見到只練成吸星大法、內力深厚的人，諸如空擁有高學歷卻迂腐不堪的教授、博士、醫師、司法官、律師……等知識分子，吸星大法第一名，過目不忘，考試猶如斬瓜切菜，或頂著名校的光環，但人際關係、事業、家庭……等方面卻往往一蹋糊塗！食古不化的學究，恐龍法官、檢察官，不會治國的學者，沒有醫德的醫生，只懂理論的教授，這些人只會吸，拚命吸，卻沒有真正吸收消化融會貫通，且對於學以致用也不求甚解。光會吸星大法固然可以偷到很多的懶，但高學歷不等於有智慧，有錢不一定能讓人真心地愛你尊敬你，練成吸星大法也不一定能讓你快樂，更不可能讓你上天堂。

偷懶動看過很多吸星大法練到第二層的人，表面上功成名就，其實活在地獄裡，人們只是尊敬他的地位，財富，而不是愛他這個人。因此若非偷懶神功第一招練到最後一招「一步登天」，尤其是最後一招，才能畫龍點睛，功德圓滿，圓融天成，英華內斂，無入而不自得。所以看倌們修練吸星大法之外，其他招式也必須勤加修練。只會吸星大法將得不到偷懶學的精髓，會像蒼蠅興奮地飛向玻璃天花板，卻永遠沉淪在地獄。所以偷懶動不得不再三告知各位看倌，若沒有融會貫通偷懶神功，學會「一步登天」，最根本的原因就是他們沒有修練吸星大法之後必練的易筋經，自然也就會飽嚐反噬的痛苦，甚至被社會所淘汰、暴斃而亡！所以偷懶動不敢偷懶，不得不再將易筋經的百川匯流傳授給各位看倌，否則吸星大法這種取人內力的招式不練也罷！

易筋經的秘密

話說偷懶勳從小到大走路比別人慢，在學校老是吊車尾，標準的「靠爸族」，一天到晚失戀，離婚，人生完全沒有值得驕傲的地方，走路總是低著頭垂頭喪氣，有如喪家之犬，所以走路時從來沒有撞到門框。沒想到博士班畢業後，不知走了什麼狗屎運，人生大翻轉，受到校方的重用與同事的支持，竟然榮升系主任。且在系上表現優良，不斷增班，不到一年成為校內第一大系，接任副校長的風聲甚囂塵上。此時心儀洪博士的美女如雲，偷懶勳一時洋洋得意、不可一世。因為根據鄧肯量表的社會地位指標（**Duncan Scale SPI**）洪博士可謂已經觸及人類金字塔的頂端。

詎料洪博士換了職位後，自然而然也換了腦袋，開始認為天下無難事只怕有心人，每天拿著蚊子拍（拂塵）在天上飛來飛去，看見蚊子就拍，人生沒有什麼困難的事，努力研究成功學，開車不再聽什麼靡靡之音，只聽陳安之的錄音帶。此時的洪博士不但學生都努力巴結，同事畢恭畢敬，社會上人士也都對洪博士尊敬有加，十通電話裡至少有九通是求助於洪博士的，洪博士飄飄然之餘，終於得了大頭症，深深地認為可憐之人必有可恨之處，開始嘲笑那些情場失意，事業失敗，自怨自哀的人，把自己歸類於人生的勝利組，下巴總是抬得高高的，抬頭挺胸，分明就是一副小人得志的嘴臉，不可一世的樣子！

吃飯時洪博士總搶著付帳，有人找洪博士幫忙，洪博士也是鞠躬盡瘁，兩肋插刀，所以自認做人還算成功，但幫個小忙經常振振有詞，教訓對方，吃飯時更是自我吹噓，口沫橫飛。當時的洪博士身為主管，頭腦清楚，辯才無礙，直話直說，生平之樂莫過於指正他人的錯誤，對方若有所辯駁，洪博士必將他修理得啞口無言，當時的名言是「真理愈辯愈明」。家人、朋友、同事、學生慘遭洪博士修理者多如過江之鯽。

然而修理的人越多，洪博士開始覺得系上的事情越來越不順利，同事與同學們的態度越來越冷淡，要求同事幫忙，每個都推三阻四，還好洪博士英明神武，系上大小事務，一手全包，至於那些打混的老師，洪博士則在生死簿一一記下，打算秋後算帳。回家後向老婆抱怨，沒想到老婆也愛理不理的，小孩子看見洪博士回家，紛紛走避回房「寫功課」。

記得洪博士有一次與高中好友聊天，該同學讀完高中就沒升學，談到了尼姑庵，洪博士竟說成了尼姑淹，當場被人糾正不是尼姑淹是尼姑庵，洪博士硬拗：「老子大學畢業，還是博士，你高中生，懂個屁啊！」該好友後來再也沒有出現在洪博士面前。更糟的是有一天晚上十一點多，洪博士從學校忙完，累得心情十分不好，想要找人聊天喝酒解悶，打開手機從第一個聯絡人翻到最後一個聯絡人，翻了半個小時，共有一千多筆的資料，竟然發現沒有半個人可以出來陪洪博士喝兩杯。當時一股莫名蒼涼的心酸湧上心頭，發現人生並沒有變得更好，孤寂如舊。至此洪博士才明白原來自己和得意兄一樣，表面上成功，人生卻是失敗。

正在自怨自憐的洪博士，不知不覺發現車外起了霧，前方出現了一個隧道，出了隧道後路邊竟有一個小山洞，洞口透著隱隱約約的燈光，洞門口有一個小招牌寫著「喝兩杯」。洪博士一時好奇心起，於是停下了車，走進煙霧濛濛中陌生的小酒館，哪知道洪大博士一進門當場尊頭就撞到洞門口，而滿肚子火的洪博士正要破口大罵時，抬頭看見門楣上貼了門聯「小心撞頭」，再一看右聯是「低下頭海闊天空」，左聯是「仰著頭寸步難行」。洪博士看這到小酒館矮門上的對聯不禁啞然失笑，洞門要低著頭進去才不會被撞到，懶得低頭自然會撞個正著。不過進了門後的山洞內卻十分寬敞，別有洞天，卻沒有客人。洪博士找了位置坐下，在點酒菜時，還是不禁責問老闆為何要把門做得那麼低？老闆笑著說：「正常人看到這個門都會低下頭，彎下腰進來，會撞到的往往是有心事的人或是心高氣傲者，但我沒想到你是拿拐杖，不容易彎腰，抱歉！抱歉！你點的菜都我請。」

洪博士一聽不禁肅然起敬，自己有心事又心高氣傲竟都完全被老闆點破，且老闆還會利用拿拐杖一事幫洪大博士打圓場，實力委實不容小覷。但洪博士嘴裡卻仍然硬得很回答道：「少來，我不用你請，把門弄大一點不就得了？」

老闆一聽就主動靠過來小聲說：「是這樣的，這山洞是天然的，風水先生當時有特別指點，不可破壞，保持原貌不但環保又聚財興旺，而且撞到門楣的客人會發！」

「唬誰呀？門那麼小表示不歡迎客人，客人撞到會爽嗎？難怪一個客人都沒有。」

「大哥您真英明，您一定是學心理學的，客人的心裏被您算得準準的！的確很多人認為門太小表示不歡迎客人。」老闆滿臉堆笑道：「在門楣上我有貼一塊橡膠，門聯是貼在椽膠上。您沒傷著吧？」

洪博士摸了摸頭道：「應該沒有。你怎麼知道我是學心理學的？」

「看大哥氣宇不凡，談吐洞悉人性，一聽就知道懂得行銷，絕非池中之物！」

洪博士聽了龍心大悅，不禁笑道：「老闆您真會說話，不過說真格的，您為何把門做得這麼低？」

「真人面前不說假話，我就老實說吧！以前我練過武術，小有名氣，心高氣傲，吃了不少虧，後來不得已開個小酒館維生，但腰桿很硬，常常得罪客人。我師父要我把門弄低，這樣每天開門時就可以警惕自己，謙卑、謙卑再謙卑，這好像就是練易筋經的最高境界。石頭會毀於更大的石頭，唯有至柔的水才能婉延曲折，流向大海。」

洪博士一聽到易筋經，又聽到老闆會武術，店裡又沒有其他客人，一時三刻恐呼救不易，不禁對老闆又多加敬重了幾分，火氣全消，連忙舉起杯道：「失敬！失敬！原來老闆是世外高人！」

老闆看見洪博士被唬得一愣一愣，再加上兩杯酒下肚，話也不禁多了起來：「少林寺的武功天下至剛，我從小在少林寺練功，仗著自己得到真傳，下山後總是沒把人看在眼裡，自命正義之士，雖千萬人吾往矣。凡事硬碰硬，雖然闖出一點名號，當上七省擂台賽的霸主，但最後發現人們對我尊敬不是尊敬我這個人，而是懼怕我的名號與拳頭，就像很多人尊敬警察是尊敬他的制服，而不是尊敬穿制服的『人』。我越活越寂寞，為了維持自己這點小小的名利，發現自己朋友越來越少，最後連自己都失去。回去找師父時，師父沒說什麼，也沒問什麼，只是默默地帶我到藏經閣，慎重地拿出一本書，封面寫著「易筋經」三個字，然後翻開了第一頁，上面只有四個字『低下頭去』，然後就闔上了書本。我看著師父，師父說：『你這種程度已屬於金字塔頂端的人，要低頭才看得到金字塔下面的世界，低頭你才能看到芸芸眾生，低頭你才會進步，記住隨時低頭！』。下山後我找到這山洞，剛進來時我也是和您一樣，頭抬得高高的，當場撞得七葷八素，一個月下來差點撞成釋迦牟尼頭，這時我才了解為何佛堂裡的佛都是低著頭，同時也頓時明白釋迦牟尼的滿頭包是怎麼來的，原來這些包是代表人生苦難不斷撞擊所產生的智慧，一個包代表一種智慧，撞得滿頭包才能成佛。所以我就貼了這個門聯，「小心撞頭，低下頭海闊天空，仰著頭寸步難行」時時提醒自己，開店第一件事就是先低頭。低著頭就不會撞到！」

洪博士望著老闆道：「老闆果然是深藏不露，真是相逢何必曾相識，聽君一席話，勝讀十年書。現在我才知道原來大家是尊敬我系主任博士的頭銜，若是沒有您這位高人指點，我還沾沾自喜自以為是，自我感覺良好，系主任總有天會下台，博士也不過是個虛名，十年河東十年河西，沒有永遠站在巔峰的人。太感謝了，真是一語驚醒夢中人，低下頭才能看見，來，我要好好地敬老闆一杯！」

洪博士又問：「那，您後來有再看到易筋經嗎？」

「有！」老闆拿起酒杯一口乾掉：「三年後我又上山去找師父，師父見我低著頭，亦步亦趨，點點頭，又帶我到藏經閣，打開了易筋經第二頁，我慌忙注意看，上面寫著：『滿杯不能斟酒，腦空才能品茶』。我當然還想繼續往下看，但師父卻又闔起易筋經，也沒說話就要我下山了。」

洪博士搶著說：「說得好，滿杯不能斟酒，滿了就放不下任何東西，這些年來我一直沒有進步，酒杯裡裝滿著虛名頭銜，滿了，什麼都裝不下，來，我們乾了吧，把酒杯倒空，才能裝新酒！可是為什麼腦空才能品茶？」

老闆說：「我也想了很久，後來發現李小龍的弟弟李振輝在他的一首歌『截拳道』也有提到，必須有一顆空空的腦袋才能品出茶的味道，就像周夢蝶先生吃米是一粒一粒地吃，這樣才能吃出米的味道，加湯配菜則米的原味就沒了。又例如喝一斤十萬的冠軍茶時旁邊若有一位絕世美女的裙子剛好被風吹起，你喝得出茶的味道嗎？喝到鼻子裡都有可能！滿了你就開始僵化，空了你才能感覺！」

整個山洞裡就只有老闆和洪博士，老闆不斷地上菜，勸酒，三巡之後兩人都酒酣耳熱，老闆繼續說：「少林武功天下至剛，易筋經卻是天下至柔，流水的目標是大海，它沿路接納小支流，在高山巨石前低頭轉彎，日益強大，最後終於流入大海，為大海增加了活水。而人也一樣把杯子倒空了，彎下腰才能虛心學習，不斷地學習才能進步。一旦懂得低頭不自滿，人生就會變成無限。」

洪博士一杯又一杯，迷迷糊糊之中頻頻點頭，好像是見到了天上不知名的亮光，瞬間開啟了自己的心靈，整個人逐漸飄飄然起來，最後神智不清，不支倒地。醒來後發現自己竟躺在車子裡，何時離開那間「喝兩杯」都不記得了，彷彿只是南柯一夢。此時天已亮，洪博士為了上班，匆忙趕回學校，下班後急著想要去問問老闆有沒有看到易筋經的第三頁，但開來開去就是找不到那個隧道，問了好幾個路人，沒人有印象附近有甚麼隧道，更從沒見過或聽過什麼「喝兩杯」酒館。洪博士不死心。繞來繞去找了好幾天都沒找到，最後只得放棄，心中十分惆悵，留下無限的遺憾。為了避免自己遺忘，讓易筋經的秘密流傳下來，特此為記。

偷懶神功第二招
分身術

璽寶公司

話說一九八八年左右，洋菸開放進口，洪老闆因友人的介紹開始涉入夾煙娛樂機的事業。當時一起創業的約有五、六人，惟獨洪老闆生意越做越大，沒多久這些共同創業者一個個變成洪老闆的手下，每個月跟洪老闆領個兩、三萬。洪老闆出門前呼後擁，好不威風，實在令人尊敬。由於經濟景氣，股票市場的興旺，台灣錢淹腳目，再加上洪老闆當時任教於企業管理系，又是管理學碩士，小小的事業簡直殺雞用牛刀，難怪生意越做越大，最後終於成立了一個小小的璽寶公司。洪老闆十分的勤奮，每日早出晚歸，所以短短的一年內賺到人生的第一桶金，學校教書領的薪水根本看不在眼裡。

然因洋煙久了就失去新鮮感，夾煙娛樂機的事業逐漸沒落，一般經營者紛紛退出市場。但洪老闆勤奮努力，事必躬親，生意反而越做越好，野心也水漲船高，除了市區的點與線以外，又建立了一條附近鄉鎮的新線路。結果開發成功，收入增加幾乎一倍！因為夾煙機必須視狀況調夾子的鬆緊，洪老闆不敢掉以輕心，這種獨門秘技再加上獨特的經營戰略，使得洪老闆在別人退場時仍然屹立不搖。雖然員工也會調夾子，但是洪老闆試著讓員工做了幾次，都不太放心。既然兩條鄉鎮的線都獲得成功，洪老闆又開闢了更遠的鄉鎮線，結果收入又增加了。雖然每條線都有人負責，洪老闆仍然幾乎天天親自督陣，不敢鬆懈，因為只要洪老闆沒有跟去的線，業績都會變差，但洪老闆一個人不能每天照顧到每個點與線，所以看到哪條線業績下滑，就跟業務員利用一個禮拜去搶救業績，幸運的是只要洪老闆一出馬業績就變好，不幸的是只要洪老闆一沒去業績就逐漸下降。洪老闆這樣東奔西走之下，慢慢地發現了自己的英明神武，也發現了自己為什麼會當老闆，因為自己實在比員工優秀太多了，每個員工又懶又笨，這公司沒有他早就倒了。於是我們天縱英明的洪老闆逐漸變成了走馬燈，奔波於三條線之間，努力的維持著下滑來下滑去的業績。第三條線的收入雖有小幅的增加，但洪老闆的人生逐漸由彩色變為黑白，因為他已經被他的事業綁住了！

洪走馬燈雖然忙得團團轉，但雄心不減，仍然保持擴張政策，聘請了以前也在做夾煙娛樂機的介紹人，來開發幾個大城市的點，結果這幾個點卻一直不賺錢，洪老闆深深覺得這事業沒有他不行，二個大城市的點沒有他也不行。所以豪氣大發御駕親征，親自跑這二個大城市的點，御駕親征使得洪老闆奔波於三個縣市之間，生活忙碌的不可開交，但二個大城市的業績卻始終未見起色，更糟的是基礎原始線的業績竟也跟著一落千丈，且又回天乏術。這時我們偉大的洪老闆不禁埋怨起無能的手下，無奈將強兵弱，怨天尤人之際，最後只得黯然退場，逃到美國念博士去了！

問題：為什麼勤勞、努力、管理學碩士又有獨門密技的洪老闆最後會失敗？是天命所趨？還是時不我予？或是洪老闆不夠努力？欲知後事，請聽下回分解。

麥當勞叔叔是孫悟空的徒弟

洪老闆逃到美國之後，常常怨天尤人怪自己的命不好，也一直搞不懂為什麼自己這麼勤奮，這麼有才華，不偷懶還會落到樹倒猢猻散，璽寶公司隆重倒閉的這種下場。直到有天無聊的時候觀看「西遊記」，看見孫悟空面對群魔，施展出七十二變中最厲害的一招，拔出身上的毫毛，用嘴一吹，立刻變出千萬個孫悟空，兩、三下就打得敵人落花流水，哭爹喊娘。洪老闆當場慘叫一聲，我們偉大的洪老闆終於找到答案了，原來這時候才發現他事業失敗最重要的原因只有一個「他是人，不是神，他不會分身術！」

洪老闆曾問美國人，世界上最好吃的漢堡是不是麥當勞，很多人的答案都說不是，甚至還有一位美國友人麥可堅持帶洪老闆去他家品嚐他老母做的漢堡，以證明世界上最好吃的漢堡絕對不是麥當勞。洪老闆連吃了三個大漢堡，差點連舌頭都吞下去了，鼓著嘴連聲說：「好吃！好吃！」。洪老闆立刻建議麥可的媽媽開一家「麥西勞」與麥當勞火拼，保證賺大錢！

這時麥可的媽媽微笑搖搖頭道：「我老了，何況我只有一個人，沒人幫我，再怎樣也只能開一家店，怎麼跟麥當勞比？」

洪老闆立刻建議麥母把技術傳授給家人，這樣就可以開五家了，因為他們家共有五人。沒想到麥可的媽媽又說了：「就算我把技術傳授給他們，做出來的漢堡能保證每一家都一樣的味道嗎？何況他們又不一定想學。」

洪老闆仍不死心繼續勸進：「那你可以教別人，譬如說其他人！或是我也可以呀！」洪老闆終於露出私心！

麥母繼續搖頭：「別人學會了誰還理我這個老太婆？洪克拉克（麥當勞的老闆叫雷克拉克），你就饒了我吧！」

回家時洪老闆獨自開車在洛杉磯夜晚的路上，經過好幾家的麥當勞，發現每一家的門口都有一位麥當勞叔叔坐在椅子上，這時洪老闆突然大徹大悟，於是緊急煞車，「滋——」的一聲，高喊：「我找到了！」。旁邊的車子都嚇了一跳，當場F開頭的單字綿延不斷地湧現，但看見洪老闆興奮過頭，一副發了瘋的樣子，就不敢再廢話。原來麥當勞成功的原因不是因為漢堡最好吃，而是麥當勞叔叔曾經拜孫悟空為師父，練成了分身術！全世界每家麥當勞都有一位麥當勞叔叔在顧店，所以漢堡、薯條都一樣好吃，服務品質都一樣。**洪老闆雖然做事勤奮努力，事必躬親，但是越努力、越忙，越事必躬親、事業就越失敗，因為他不是超人、不會分身術！一個人沒辦法處理那麼多事，只有神才可以。所以他只有小老闆的命！**假如洪老闆野心小一點，不要撈過界，可能現在還陶醉在小小的夾煙娛樂機的王國裡，過著幸福快樂的日子！

在管理學中很明顯的指出，管理者需要三種技巧，概念性技巧，人際關係技巧以及技術性技巧，當然三種技巧都具備是最好了。但一般而言，高階管理者偏重於概念性技巧，像王永慶老先生不需要修理機器的技術，也不用會推銷的方法，更不用去管員工有沒有偷雞摸狗，只要訂定方向制定策略就可以回家睡覺了。而基層管理者則偏重於技術性技巧，要有研發的技術，要有展店的技術，也要有行銷的技術，更要有管人的技術。這證明了一件事，洪老闆只適合當個小老闆，他並非不精通本業，也不是不會經營，更不是沒有技術性技巧。有技術性技巧的人很多都是專家，洪老闆可謂是經營夾煙機的專家，而專家就是訓練有素的狗！洪老闆枉費管理學碩士這個學歷，讀書讀到狗肚子裡！顧個小小的璽寶公司，在小地方混混，大概還游刃有餘，想要建立一個夾煙機王國，一統江湖，以洪老闆的格局與能力恐怕就天差地遠了。換句話說，洪老闆沒有大老闆的命，管個一、兩家店，衝鋒陷陣還可以，多管個三、四家，五、六家，則當場顧此失彼、人仰馬翻、嗚呼哀哉、仙福永享了！大老闆必須要像王永慶、許文龍老先生有概念性技巧，練成分身術，才能位列仙班！

漢高祖劉邦有天與韓信聊天時，想要取暖就問曰：「如我能將幾何？」（老子我可以帶多少兵？），韓信曰：「陛下不過能將十萬。」（你大概不能超過十萬兵。）。劉邦取暖失敗踢到鐵板十分不爽就問說：「於君何如？」（比起你如何？），韓信曰：「臣多多而益善耳。」（我是越多越好！）。劉邦一聽不怒反笑曰：「多多益善，何為為我禽？」（越多越好，那你為什麼變成我的手下？），信曰：「陛下不能將兵，而善將將，此乃信之所以為陛下禽也。且陛下所謂天授，非人力也。」（你雖不能帶很多兵，但你卻能帶領許多的將軍讓他們聽令於你，這就是我為什麼會是你的手下的原因。你是天生的英明，拿著蚊子拍的神，非凡人可比！）

韓信清楚地指出，將兵是靠能力，將將則是神力，劉邦勝過韓信的就是劉邦分身術的神力。韓信雖然能力卓越遠勝於劉邦，勳業彪炳，最後卻死於鐘室（註1）。所以他再怎麼厲害也只是個小老闆的命，翻不過劉邦的手掌心。劉邦流氓出身，不學無術，只學到了一招，那就是能用賢人當分身，有那麼多的將當他的分身，項羽雖然力拔山兮氣蓋世，卻沒有半個分身，劉邦不得天下也難！

西漢末的王莽是一位才能卓越、品德高超的人，幾乎沒什麼人反對就篡了漢，當了皇帝後更是像洪老闆一樣禮賢下士，勤奮努力，事必躬親。結果偉大的新朝在短短的幾年內就被漢光武帝劉秀推翻，完蛋大吉！據說王莽每天努力辦公，勤於國事，死後居然沒批完的公文多到堆滿御書房外，還有一大堆沒處理。王莽沒有偷懶每天努力批公文，為什麼死時公文仍堆積如山？答案就是管太多，大權一把抓，什麼都要管，又不會分身術！

根據洪大相士的分析，吾友王莽大人的手相除了大拇指以外，必定是食指最粗，長於無名指，再加上大拇指的中間只有一條線而非眼形，因為這種手相的人雞婆性很強，野心大，愛管閒事，又喜歡事必躬親，是標準的勞碌命！（註2手相圖解）

一個人再怎麼厲害，若不是超人、神人，**不會分身術**，**就永遠是小老闆的命**。許文龍老大為何能當個櫻櫻美黛子，生意卻越做越大？答案是他有分身！麥當勞、必勝客、7－11成功的原因也是一樣，因為它們有幾萬個分身！投鞭斷流，吐口水也淹死你，基督教興盛的原因也是一樣，到處都是傳教士，到處都是耶穌的分身！郭靖守襄陽最後為什麼會失敗？答案也是很簡單——不會分身術！

哆啦A夢裡的大雄夢寐以求的心願就是有一個分身幫他寫功課，幫他偷懶，而自己能出去玩。所以只要你練成分身術，愛怎麼偷懶就怎麼偷懶！

為什麼老闆可以去度假而你必須要加班？因為他有分身你沒有！為什麼銀行的老闆可以數錢數到手抽筋？因為每一個客戶都是他的分身，都在幫他賺錢！為什麼國父革命會成功？因為革命先烈都是他的分身，每個人都想推翻腐敗的政府！

蘋果的團隊為什麼是天下最強的團隊，第一他們都會吸星大法，第二他們都會分身術，一個二十人的團隊互吸的結果，每個人的戰力提高二十倍，每個人都有二十個分身，二十倍的戰力乘以二十個人，這團隊每個成員的戰力等於瞬間提高四百倍，請問單打獨鬥者幾人能敵？只要練成分身術加上吸星大法，各位看倌必定遊走雲端，位列仙班！

近年來所謂的直銷業與連鎖業的興起，就是製造分身。自古以來以多勝少，寡不敵眾，多數人統治少數人是大部分的結局。如何永遠站在多的這一邊，永遠勝利成功？唯有分身、分身、再分身！

分身術是人類自古以來的夢想，每個人希望自己的下一代是自己的分身，練成分身術的秘密其實和吸星大法差不多，都是教育，吸星大法是讓自己受教育，分身術是教育你的分身。為了報答買了這本書的恩人們，偷懶勳在此公佈分身術的公式，各位千萬要把眼睛睜大，不要錯過這千載難逢的機會，一輩子當人，或是從此成仙，在此一舉！分身術的公式就是：

分身術＝教育＋授權＋系統

組織一個系統，教育並授權你的下屬，你的員工，你的分身就會出現，讓這些人都成為你的分身，則天下立刻太平，你可以偷懶偷到爽死，而且天下無敵！

注1：劉邦曾答應只要上有青天，下有黃土絕不殺韓信，故呂后將韓信倒懸於鐘內吊死，使其頭不見青天腳踏不到黃土而亡。

注2：手心的大拇指

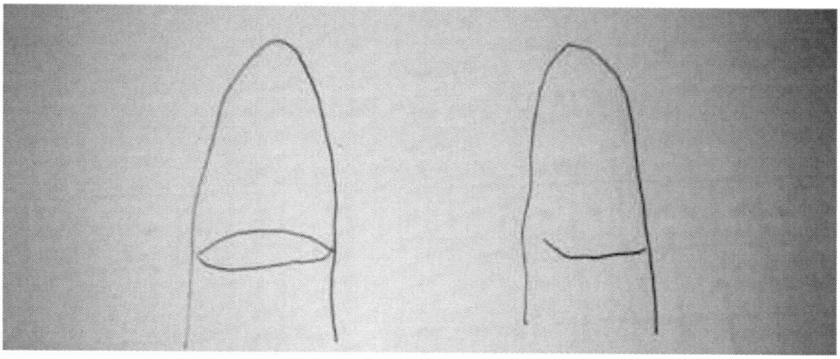

眼型　　　　　　一條線
櫻櫻美代子　　　勞碌命

偷懶神功第三招

天眼通

預見可預見的未來
——彼得杜拉克

吾友偷懶勳高中的時候因為喜歡偷懶，偷懶的技術又欠佳，人生十分的坎坷，家庭、學校處處碰壁，因此買了很多算命的書來看。但因為平日下課時沒有時間唸書，所以在上課時努力鑽研，看看自己未來的命運會不會好一點。有一次國文老師在台上教「出師表」時，偷懶勳在下面苦讀八字流年表，正研究到天人合一、渾然忘我的境界時，不知恩師何時走到身旁，一把抓走了偷懶勳的八字流年表，然後重重的往地上一摔，大吼：「偷懶勳！我上出師表，你看流年表！這是什麼意思！」

出師表

偷懶動自幼身經百戰，上課時遇到這種狀況當然不只一次，所以異常鎮定，面無表情低著頭答道：「想學算命！」

「學算命幹什麼？」恩師強忍著怒氣道。

「想了解自己的未來流年！」偷懶勳的頭更低了。

「哈！哈！哈！」恩師突然笑了出來，全班同學也立刻狗腿地跟著笑。

「你不用看你的流年表了，我告訴你，你流年不利、禍不單行！哈！哈！哈！」又是一陣哄堂。

「老師今天順便幫你算個命，這次你的國文會不及格，而且今年還會留級！哈！哈！哈！」。恩師一說完，全班爆笑如雷。

「還有你三十歲以前的命和三十歲以後的命不同！」恩師仔細望著偷懶勳的臉一本正經的說。

「怎麼不同？」低著頭的偷懶勳好奇的抬起頭看著恩師，這位國文恩師竟然也懂得算命。

恩師一邊搖頭一邊說：「嗯！你三十歲以前的命十分潦倒落魄！你會怨天怨地，憤世忌俗！」

「那……那……三十歲以後就變好了？」偷懶勳心中滿懷期待的問。

恩師忍住笑答道：「不！三十歲以後你就慢慢習慣，甘之如飴了！」

「哈！哈！哈！」煞時全班笑得人仰馬翻，一片混亂，有人眼淚都笑出來了，有人還蹲下去喊肚子痛。結果那堂課令同學永生難忘，甚至還有人在日記上寫說那是他念高中以來笑得最開懷的一天。

當天回家的路上偷懶勳懷著鬱卒的心情，沿著家裡附近的台糖鐵軌散個心解悶。經過萬年溪的鐵橋時，偷懶勳猶豫了一下，但因為心情不爽所以世界上他最大，不繞遠路，直接偷懶穿越鐵橋，正走到鐵橋的中央，一陣汽笛聲響起，台糖小火車十分恰巧地、好死不死地出現了。「ㄅㄨ！ㄅㄨ！ㄅㄨ！」，火車駕駛看見在鐵橋上一拐一拐的偷懶勳，一隻手拼命拉汽笛，另一隻手用力的揮舞著讓開的手勢，偷懶勳望著疾駛而來的火車，退回鐵橋已經來不及，只得擺出一個優美的跳水姿勢，連人帶書包、帶便當盒一起跳入萬年溪中，濺起了一片優美的水花。結果當場遺臭萬年，回家後更是被洪老聖太母海K了一頓，果然是流年不利、禍不單行！

那一年的日子的確不好過，偷懶動不但國文不及格，英數理化也沒有一科及格，留級自然是不在話下。接到成績單時不禁打了一個冷顫，一陣寒意由腳底升起，沒想到國文老師真的是個半仙，偷懶動那年的命運竟然被他算得一字不差！暑假時偷懶動特地從洪老聖太爺的酒櫃裡借走了一瓶叫做愛克斯歐的洋酒前往恩師府上拜訪，恩師收下洋酒後自然是和顏悅色，對偷懶動如此尊師重道的行為稱讚有加，面有愧色說道：「小動啊，老師把你當掉實在是不得已的，有什麼不懂的地方老師可以教教你，你又何必送這麼好的酒來呢？」，說完恩師立刻迫不及待的打開了那瓶軒尼詩XO喝將開來。

「啟稟恩師，弟子前來拜師學藝，望恩師不吝賜教！」

「學什麼藝？我不是教你國文嗎？」恩師乾了一杯後，面帶微笑的問。

「我……想學算命。」偷懶動小聲地說。

「算命？哈！哈！哈！這有什麼困難，今天看在你如此尊師重道的份上，老師就教你算命，但要學會算命就必須打開你的天眼，讓你學到天眼通基本教材的第一課。

來！閉上眼睛，盤坐吐納，心無雜念，抱元守一！」

偷懶動大喜若狂，立刻閉上眼睛，盤坐吐納，心無雜念，抱元守一！恩師放下酒杯，正襟危坐，慢慢的伸出手指在偷懶動的雙眉之間點了下去，喊了一聲：「開！開！開！天眼開！急急如律令！」

偷懶動緩緩的張開雙眼，恩師問：「你看到什麼？」

「看……看……看見恩師……」偷懶動懦懦地說。

「好！眼睛閉起來，你想想看假如我把這瓶酒都喝完的話，你會看見什麼？」

「看……看……看見喝醉酒的恩師。」

「好！太好了！眼睛繼續閉著！假如你看到一個年輕人騎摩托車，時速一百轉彎八十，請問你看到什麼？」

「一片荒地被開墾了！還有一位綁著繃帶的年輕人！」

「太好了！眼睛閉著繼續看！假如一位學生上課不專心，考試前又不讀書，你看到什麼？」

「被當掉？留級？」偷懶動毫不猶豫地答道。

「答對了！完全正確！最後一題！暑假那一天會結束？」

「九月二日開學，所以九月一日結束！」

「張開眼睛吧！」恩師伸出手握住偷懶動的手，拍了一下偷懶動的肩膀：「恭喜你！你天眼開了！」

偷懶動張開雙眼，看了半天，狐疑地回答：「真的……還是假的？恩師你別開玩笑了！」

「回家吧！你大概幾點會到家？」

「五點左右。」

「那時你媽媽會做什麼？」

「煮晚餐。」

「八點會演什麼連續劇？」

「河上的月光。」

「好了！張開你的天眼隨時練習，你會發現它越來越厲害！」

偷懶動回到家時果然大約是五點，洪老聖太母也正在煮晚餐，八點打開電視時正好是劉藍溪演的「河上的月光」，更可怕的是九月二日真的開學！偷懶勳從此天眼開通，踏入三界，預知古今，能知未來了！

孫子兵法：「多算勝，少算不勝」「多算」就是天眼通的第一步！

蘋果的願景

記得第二年重修國文，又上到出師表這一課時，偷懶勳又在偷懶，戰戰兢兢地打瞌睡，迷迷糊糊之中聽見恩師叫著偷懶勳的名字：「小動啊！古人云：『讀出師表不哭者不忠，讀陳情表不哭者不孝，讀祭十二郎文不哭者不慈』，我教這三課時都看到你沒哭，還睡到流口水，可謂集不忠、不孝、不慈鐵石心腸於一身，程度可真是前不見古人，後不見來者，有你這樣的學生不禁令我念天地之悠悠，獨愴然而涕下也！」，說完全班又笑得東倒西歪。偷懶勳面子掛不住，強辯道：「報告老師，我只是眼睛稍微閉了一下而已！」

「眼睛閉一下？那我請問你，諸葛亮最偉大的地方在哪裡？」

「當然是長板坡單騎救阿斗！」

「大哥，那是趙子龍！虧你想得出來！」說完全班一陣大笑。

「我是說長板坡當陽橋，一夫當關萬夫莫敵！」偷懶勳立刻改口。

「罷了！你這是張飛打岳飛，滿天亂飛！以後不要說我是你的老師！」又是一陣訕笑聲。其餘的同學紛紛舉手高喊：「叫我！叫我！」恩師指了指其中一位同學。

「當然是孔明借東風！」

「不對！」

「草船借箭？」

「不對！」

「空城計？」

「也不對！」

「六出祁山？」

「還是不對！」

「鞠躬盡瘁死而後已？」

「有一點對但是不是很正確。」

這時全班鴉雀無聲，沒有人再猜了，恩師清了清喉嚨道：「很多人認為諸葛亮最偉大的地方是鞠躬盡瘁死而後已，但是歷史上鞠躬盡瘁死而後已的忠臣太多了，偉大是偉大，但是還不是他最偉大的地方，他最偉大的地方在三顧茅廬的隆中對！」

「老師，什麼是隆中對？」一位同學發問。

偷懶勳為了表示自己沒在睡覺，即刻搶答：「笨蛋！籠中對那是諸葛亮被俘後在牢籠中寫的對聯，以明己志，表示自己絕不投降！有一句是天地有正氣，雜然賦什麼的…」

結果當然又是一陣哄堂大笑，恩師搖了搖頭：「小勳啊！我看你還是繼續打你的瞌睡吧！諸葛亮不投降，我先投降可以吧！籠中寫的對聯，厲害！厲害！I服了YOU！雖然歷史是人創造的，但這也太離譜了吧！」

恩師看著低頭不語的偷懶勳緩緩地說道：「隆中對是諸葛亮在隆中與劉備的對

話。天下的未來，劉備的前途，盡在此對中被準確的預知，未來三十年的世界，不到二十八歲的諸葛亮已經看出來了。相對的借東風，草船借箭都只是雕蟲小技而已。現在的科技與資訊勝過當時的千萬倍，請問有誰能準確地預言未來十年的世界？蔡英文？歐巴馬？還是習近平？大部分的人甚至不知道明天會發生什麼事。所以說，諸葛亮最厲害的也就是彼得杜拉克所說的『預見可預見的未來』這種能力，也就是天眼通！國父預見了滿清的滅亡，毛澤東預見了農民的崛起，俾斯麥預見了德國的統一，哥倫布預見了新大陸，這就是天眼通！反之，劉備為何被陸遜火燒七百里連營？陳水扁為何下野後被囚？明思宗為何自縊煤山？小勳你為何會重修、留級？這就是天眼不通，看不見可見的未來！而天眼不通，你就沉淪苦海！」

恩師的話：「嗡！」一聲當場驚醒瞌睡中的偷懶勳，想起恩師幫偷懶勳打開天眼之後，偷懶勳就沒有再把天眼睜開過，反而開始苦練鴕鳥功，很多事情事實擺在眼前，但白痴偷懶勳卻不敢張開天眼，老是把頭埋在沙子裡。

恩師續道；「蘋果電腦的願景是提高人類計算的能力，什麼叫做人類計算的能力？例如太空船要飛多遠？哪時候降落？在哪裡降落？請問計算的準不準？在電腦上按下某個鍵，你就可以預測會有什麼功能出現，提高人類的計算能力你就可以減少不確定性，就可以預測未來！人類自古以來就不斷的想要預測未來，黃曆、天文、歷史、地理甚至算命，都是預測未來的工具。現代管理學之父彼得杜拉克在三十幾歲時就預測出有天人類在家就可以上班，不用面對面就能即時溝通。要預測未來很簡單，只要你張開天眼！現在我就表演一下預知的能力給各位看看！」，說完恩師看了一下手錶道；「我數到十，下課鐘就響了，一、二、三、四、五、六、七、八、九、十！」。說時遲那時快，「鈴！！！」一聲下課鐘真的響起，全班一陣歡呼，記得恩師喊道：「我有沒有預知未來的能力？」，全班大聲喊：「有！」「告訴你們一個秘密——你們也有！」，說完恩師就下課了。

關羽為何讀春秋

走不通的路不一定要走過才知道不通

話說偷懶勳在美國唸碩士班時，有一堂課教授要求同學分組玩一個叫做「死亡名單」的遊戲，內容是第三次世界大戰爆發，世上唯一的核子防空洞只能容納八人，但原來預留的名單上卻有十二個人，其中有醫生、牧師、歷史學家、生化學家、律師、女大學生、廚師…等。要求每組選出哪八個人進防空洞，哪四個人在外面等死，然後說出他們該死的理由，其中印象最深刻的就是討論到歷史學家該不該死。偷懶勳一向務求實際，曰：「歷史學家大多數是老學究，在防空洞裏熬不了二十年，所以進了防空洞等於占著茅坑不拉屎，再說歷史不能當飯吃，不如把位置留給廚師！」

同學莉莉安即刻反對，曰：「歷史學家不能死，死了人類就沒歷史了！」

「沒歷史又怎樣？吃飯最重要！」偷懶勳即刻反駁。

莉莉安的愛慕者喬治立刻幫腔：「第一、歷史學家不一定是老學究，有可能是年輕人，你刻版印象太嚴重，第二、只有你野蠻人才沒歷史！」

「我野蠻人？我堂堂中華民族五千年文化，你們才兩百多年！我們進化到用筷子，你們還在用叉子，比野蠻人只多進化一根指頭而已！」

「進化？」喬治指著偷懶動的兩支拐杖冷笑道：「我們人類都已經進化到兩隻腳，只有禽獸才四隻腳！」

說時遲那時快，正當偷懶動拿起枴杖，準備來一招「棒打獒犬」時，教授開口了：「對不起！我沒想到歷史學家有這麼偉大，偉大到讓你們差點造成第三次世界大戰，既然這樣我們就先討論歷史學家該不該死？彼得動（偷懶動英文名字）說歷史不能當飯吃，我同意，人類沒有學歷史還是能生存，我也同意！甚至很多人沒讀歷史也這樣過了一生不是嗎？」

「Yes！Yes！教授英明！」說完狗腿動立刻得意洋洋的瞪了喬治一眼！

教授繼續說道：「有一個問題不知各位有沒有想過，為什麼小學生要讀歷史？高中生也要讀歷史？甚至大學生還要讀歷史？」

偷懶動立刻回答：「因為學校要考！」說完又自以為幽默地笑了起來。

教授問道：「為什麼要考？」

「因為怕大家不讀！」偷懶動繼續搶答。

「為什麼怕大家不讀？」

「這……」偷懶動一時答不上來，喬治馬上接口：「因為歷史就是人類的生活紀錄，身為人類自然要了解先人的生活史！」說完後也回瞪了偷懶動一眼。

「為什麼要了解先人的生活史？」教授繼續追問。

「因為這樣我們才不會數典忘祖！」喬治居然來了這樣一句，順便得意洋洋地白了偷懶動一眼。

「為什麼不能數典忘祖？」教授接著問。

「因為…因為…」喬治抓了抓頭，突然看了偷懶動一眼說：「數典忘祖就是禽獸！」

聽到這裡偷懶動大叫：「你們美國人脫離英國獨立才是數典忘祖！」此話一出，偷懶動發現鑄成大錯，眼看著義和團對抗八國聯軍的歷史即將上演，全班的美國人都瞪了過來。

正當偷懶動打算站起來高喊：「神功護體、刀槍不入」時，教授搖了搖手示意偷懶動坐下，緩緩地說：「人類都是禽獸的一種，差別是只有具備智慧的人，才能了解歷史的秘密。」

「歷史的秘密？教授，什麼是歷史的秘密？」莉莉安舉手。偷懶勳很想笑，因為這樣證明了莉莉安不是有智慧的人，但偷懶勳沒笑出來，因為偷懶勳也不知道答案。

「歷史的秘密就是……」教授一個字、一個字慢慢說：「歷史的秘密就在於它會再回來，它會再重演！」

頓時全班鴉雀無聲，只有教授的聲音：「美國脫離英國、澳洲脫離英國、印度脫離英國，同樣的事在英國不斷的上演，中國人說天下分久必合，合久必分，中國五千年分了幾次？合了幾次？每個開國皇帝大多英明神武，每個末代皇帝總是昏庸無能。皇室內骨肉相殘的悲劇一再上演，人民因沒飯吃而造反的歷史有多少？為了女人而成為亡國之君的又有多少？台灣股市上萬點後，再重重摔下來，在大陸有沒有重演？在印度有沒有重演？各位！歷史是會重演的，同樣的事會不斷的發生，甚至你們個人的歷史也會重演！離婚的大部分會再離婚，考試不及格的人會常常不及格，借錢的人還是會去借錢，這就是歷史的秘密！」

聽到這裡，偷懶勳隨即又回想起自己每逢考試的前一天晚上歷史就回來了，該讀的書都沒讀，然後被修理、被嘲笑，同樣的悲劇一再發生不知多少次，失戀的慘劇也不知上演過多少次！更想起吾友傑利每年努力存錢，然後興沖沖的去澳門豪賭，搞到一屁股債回來後，再努力存錢。第二年又去澳門，第三年、四年……如今已蟬連十年了，人稱傑利博士（賭博的博），威尼斯酒店的柱子有好幾根都是他贊助的。

教授又說：「有一部Bill Murray主演的電影「今天暫時停止」（Groundhog Day）描述一位憤世嫉俗的記者採訪土撥鼠節活動時，意外地停留在那一天，不管他做了任何事，第二天醒來還是同樣的床，同樣的土撥鼠節。因為每天遭遇到的都是同樣的事物，生命像被翻爛的舊報紙，他試圖反抗，不停地抱怨，甚至自暴自棄，最後他發現這些行為都無法改變現狀。於是他開始思考如何讓自己這一天過得更好，利用這重複的一天不斷地充實自己，學琴、學冰雕，對別人好一點，盡量幫助別人，最後在土撥鼠節結束的那夜，他成了小鎮上的英雄，每個人都喜歡他，他也得到他所愛的人。第二天起床時，他發現，土撥鼠節已經過去了！看完電影時，每個人都希望自己的人生也能這樣，回到過去的關鍵時刻，改正自己的錯誤，進而改變未來的命運，使自己的人生更美好。這實際上似乎是不可能的事，但讀歷史，你就會發現歷史就是這條時光隧道，貫通古今，不斷地重複！你只要翻開歷史，古人的過去就是你的過去，在古人身上所發生的事，同樣的也極可能會發生在你身上。所以假如你不做任何的改變，古人的未來也將是你的未來！」

「你們中華民族有一本書叫春秋，春秋就是一部歷史，春秋的歷史在之後的每個朝代幾乎都重新再上演。對嗎？彼德勳？」，此時的偷懶勳也只能點頭如搗蒜。教授繼續說：「不讀歷史，悲劇就會重演！學歷史就是要人類鑑古知今，從先人的生活中學到教訓，利用先人的教訓帶給我們更好的生活。因為過去的事還會再發生，讀歷史可以預知未來，趨吉避凶，不再使人類陷入同樣的輪迴，所謂的未來學就是從歷史推論出來的！」

偷懶勳一陣暈眩，發現自己的天眼神通功力突然大進，原來讀歷史可以練成天眼通。偷懶勳想起曹操故意讓關羽與兄嫂同室，順便放了幾本P字頭的書（playboy、penthouse等）來刺激他，想陷害關羽做出不倫之事，要不然也可以讓關羽藉著P字頭的書，來自我安慰一下，沒想到關羽自備春秋一本，搖頭晃腦拼命研讀。而熟讀春秋後，關羽早就能預見了亂倫的下場，知道那是一條不歸路，也因為他讀春秋才能義薄雲天，萬世景仰。正是所謂「風簷展書讀，古道照顏色」。

洪子曰：「歷史就是輪迴，想要脫離悲劇的輪迴，必須打破歷史，而打破歷史前，首先一定要先了解歷史！」

近的路不一定近
遠的路不一定遠
歷史課本裡有地圖

股市偷懶學

在股票市場裡偷懶勳一向精研技術分析，因為技術分析就是研究股市的歷史的軌跡，結果常常輸到在學校當義工（薪水都捐給股市）。吾友輪椅股神華平兄是一位散戶的常勝軍（本來是華平弟，後來出車禍坐了輪椅，而偷懶勳出車禍才拿拐杖，只好尊他為兄）。偷懶勳當了一段時間的義工後，眼見三餐不繼，老婆小孩都喝西北風，只得不恥下問請教華平兄。華平兄問了偷懶勳一個問題：「技術面、基本面、籌碼面、量價關係與趨勢何者為重？」

偷懶動毫不猶豫地答道：「先看技術面，再看基本面。因為技術面是歷史，而歷史是會重演的，基本面是代表現在。」

華平兄回答道：「第一、歷史是會改變的，第二、基本面代表的是過去的業績，也是歷史。而籌碼面與量價關係是很接近現在的參考指標，唯有趨勢代表未來。股市的漲跌是看未來，不是只看現在，更不是看過去，能由過去和現在推演出未來，找出趨勢，才是散戶保命之道！」

偷懶動天生愚魯，一聽還要看籌碼面與量價關係，還要推算趨勢，不禁涼了半截，正心灰意冷打算退出股市之際，突然靈光一閃，開口道：「我看這樣好了，華平兄買什麼，小弟跟著買，賺了錢小弟自然會供奉您老人家的。」

華平兄笑道：「你這也太偷懶了吧！連做股票都偷懶，不過看在你會供奉我老人家的份上，小弟就只好替你偷懶，恭敬不如從命了！」，當然，華平兄應該是怕輪椅被偷懶動偷偷用拐杖破壞，始終再也沒提過供奉的事。

果然偷懶動連看盤都不用再看，也不用被線型圖搞得頭昏眼花，把研究股票的時間，花在研究偷懶學。跟著輪椅股神操作的結果，雖然沒有鈔票數到手抽筋，但從此脫離了義工的行業，三餐溫飽，安享天年！

會偷懶的人生和不會偷懶的有很大的差別；一個知道往哪裡去，而且勇往直前。另一個卻是一天到晚尋路、繞路、永遠猶豫不決，別人早就到達終點站，他還搞不清楚身在何方？各位看倌，天眼一開，你就知道自己該往哪裡去？你就能看見未來。然後你將懂得取捨，避開冤枉路，因此練成天眼通後你的人生將會徹底改變！偷懶偷到爽死！不用一天到晚鬼打牆。其實我們只要張開天眼順著路，勇往直前，人生的路輕鬆愉快到無法想像！偉哉！偷懶動實在功德無量，普渡慈航！各位看倌：多讀歷史吸取古人的奶水，多回顧你的一生，推算出未來的趨勢，正是練成天眼通的不二法門。

偷懶神功第四招

勾魂攝魄——天地萬物皆為我所用

公平、公正、公開的鱷魚

大學時偷懶動說話常常不得體，為了要討人喜歡，促進人際關係，所以選修了一門「人際溝通」的課。第一堂教授就先來了一個智力測驗：有一位媽媽帶著小孩子經過一座森林，渡過一條河流，渡河時一隻大鱷魚突然從水裡冒出，擱住了去路。鱷魚開口說：「這位媽媽，我已經餓了一個禮拜，今天我只有一個要求，讓我吃掉你的小孩。」

媽媽花容失色，喊道：「不，你吃我，放了我的小孩，我的肉比較多！」

鱷魚回答：「妳的肉太多了，我吃不完浪費，會被雷劈的，更何況小朋友的肉比較鮮嫩，妳就答應我吧！」

這位媽媽乞求了半天，又哭又鬧，終於鱷魚不耐煩地說：「這樣吧！我給妳一個機會！」

「什麼機會？」媽媽邊擦眼淚邊問。

「我問妳一個問題，妳若答對了，今天就算我倒楣，齋戒一天，若答錯了則兩人通通留下來祭我的五臟廟！」

「真的？」媽媽喜出望外地說。

「真的，因為我是一隻公平、公正、公開的鱷魚！」

「什麼機會？」媽媽小心地問。

「我問一個問題，妳答對了我就不吃你的小孩，答錯，那就失禮了！」

「沒有其他的選擇嗎？」

「沒有！」鱷魚斬釘截鐵地說。

「那可不可以問簡單一點的？」媽媽又開始乞求。

「這題最簡單了，妳聽好，請問今天妳的小孩會不會被我吃掉？會還是不會？」

說到這裡教授對所有的同學說：「假如你是那位媽媽，你要怎麼回答？說會的請舉手！」

沒有人舉手，教授又問：「說不會的請舉手！」

結果全班只有偷懶動一人舉手。教授皺了皺眉頭，說：「鱷魚說：『不回答的照吃！』」，全班一陣大笑，立刻大部分的同學舉手贊成「不會」，只有三個人投「會」一票。

教授要求回答不會的人再舉手一次，然後說：「恭喜各位！」正當大家還在高興的同時，教授又開口了：「恭喜妳們的小孩子被鱷魚吃掉了！」

全班一陣譁然，錯愕，有人問：「為什麼？」

教授回答：「答對就不吃，答錯就吃，所以你們答「不會」，鱷魚就當場把小孩吃掉，你們說不會的，現在小孩已被吃掉，答案很明顯就錯了，所以願賭服輸，死而無憾！」

「那答會吃的呢？」有人問。

「答會吃的，鱷魚反而不敢吃，因為鱷魚一吃的話就答對了！」

「怎麼說？」偷懶動腦筋有點轉不過來所以發問。

「答對的不吃，它是一隻公平、公正、公開的鱷魚，必須遵守自己的諾言，你說會吃，結果它吃了小孩，你就答對了。但答對不能吃，鱷魚無法再把小孩吐出來，這樣它就無法守住諾言。所以鱷魚不敢吃。雖然你答錯，但它一吃你就變答對，鱷魚陷入兩難的局面，這就是邏輯學上矛盾。」

「原來如此！」全班同學恍然大悟。

教授繼續說：「有時候你所說的一個字，能救人一命，會不會說話，關係著人際關係的好壞，所以人際關係要好，先要會說話對不對？」

「對！」全班異口同聲回答。

「不知大家知不知道王時成先生（前中廣人際溝通主講人）的人際溝通必勝術，『六十／四十』法則？請問六十是指什麼？」教授問。

「當然是說話的技巧！」偷懶動立刻搶答。

「不對！」，教授微笑說：「說話的技巧是很重要，但不是最重要的，在人際溝通裏，只占百分之四十，大家想想看，在溝通中有什麼比說話的技巧更重要？占百分之六十？」

「傾聽？」偷懶勳又搶答。

「不對！」教授搖頭。

「誠實？」偷懶勳又搶答。

「還是不對！」教授又搖頭。

這時全班很多人舉手，紛紛喊著：「叫我！叫我！」

「自信？」又有人搶答。

「還是不對！」教授又搖頭。

「誠懇？」

「禮貌？」

「各位的答案都只沾到邊，請問傾聽、誠實、誠懇、自信、禮貌是一種什麼？」

偷懶勳突然福至心靈喊出：「態度！」

教授點了點頭：「沒錯！人際溝通必勝術的百分之六十就是態度，態度勝於言語！你相信一個人是因為他的言語？還是態度？你買保險，是因為業務員的言語說動了你，還是他的態度感動你？女同學為什麼嫁給妳老公？是他的甜言蜜語，還是誠懇的態度讓妳感動？要升官是光靠嘴巴甜，還是要靠做事認真，努力肯學？態度決定一個人的高度，要讓人喜歡，人際溝通光靠嘴巴是行不通的！」

至此，偷懶勳終於領悟到為何四十歲以後的男人大部分會被老婆看不起，原來他們只會出一張嘴！

為何「月上柳梢頭　人約黃昏後」

在修練多年後，偷懶勳功力大進，開始欺師滅祖，得道之後發明了「五三二法則」，進化了「六十／四十法則」，為了證明自己的天縱英明，所以常常在人際溝通課程中考同學：「請問二是代表說話的技巧，三是態度，那麼五是什麼？人際溝通中有什麼比態度更重要？」

「禮貌？」

「不對！禮貌是態度！」

「用心？」

「用心也是態度。」
「關心對方？」
「關心也是態度。」
有一位學生站起來說：「親愛的教授，你就不要再耍我們了，態度決定高度是你說的，還有什麼比態度更重要？」
「請問你哪時候態度會比較好？」洪教授開始循循善誘。
「當然是心情爽的時候！」學生毫不猶豫地回答，然後突然頓悟，喊道：「我知道了，五就是情緒，情緒好態度自然好！」
「完全正確，情緒差態度自然不好，所以人際溝通中最重要的就是掌控情緒。自己情緒不好時避免溝通，否則會越溝越不通，別人情緒不好時更要避免溝通。例如父母正在吵架，菜刀飛來飛去，你這時候去要錢，請問會發生什麼結果？」
「變成牛魔王出來？」一位同學搶答道。
「為什麼？」洪教授問。
「頭上多了兩把菜刀，看起來像牛魔王！」

「那麼哪時候要錢比較好？」洪教授又問。

「當然是父母情緒好的時候！」

「又答對了！請問一般人什麼時候情緒比較好？早上？中午？晚上？」

「早上？」

「請問早上為什麼要起床？」

「上班？上課？」

「請問一起床就要趕上班上課心情爽嗎？」

「不爽！」

「那要得到錢嗎？」全班一陣搖頭。

洪教授繼續說：「早上一起床就面對上班、上課的壓力，大多數人都是處於緊繃的狀態，心情最糟糕，所以當然要不到錢！」

「那中午？」

「也不對，因為下午還要幹活。」

「晚上？」

「為什麼？」

「因為下班了，吃飽了，放鬆了！」

洪教授頻頻點頭：「完全正確！」

「再考一題，為什麼『月上柳梢頭，人約黃昏後』？」

「因為那時候最放鬆，心情好，所以最容易擊出安打！」

「孺子可教也，史上最厲害的汽車銷售冠軍喬・吉拉德（Joe Girade）上餐廳吃飯時總是留下兩倍的小費，再加上兩張名片，原因是侍者看見兩倍的小費就心情愉快，自然樂意拿著喬・吉拉德的名片努力宣傳。看球賽時，只要觀眾席上支持的隊伍得分，喬・吉拉德就努力發名片，因為心情愉快的觀眾這時候你拿什麼東西給他，他都會接受。人的心情一好，凡事好商量，所以人際溝通的基礎功就是掌控自己的情緒！練到出神入化，爐火純青時，最高境界就是——掌控他人的情緒！

嬰兒在出生時就懂得以哭鬧聲來引起人們的注意，掌控父母的情緒，讓父母對自己多加關愛。長大後更會用各式各樣的方式來向父母甚至別人撒嬌，來達到自己的目的。連狗都會對人搖尾巴示好，所以當你能掌控他人的情緒，左右他人的情緒時，那豈不是予取予求，天下無敵？」」。說著說著，洪教授不禁流露出悠然神往的神情，顯然是已經陶醉在自己的「五三一法則」裡，可是到底要如何控制他人的情緒呢？

讓人哭就哭，笑就笑你就是上帝

嬰兒不死的原因

話說偷懶勳出生時長得人見人愛（此有裸照可資為證），每次出門人人都搶著抱。雖然小偷懶勳愛哭又常生病，不良於行，但古有明訓「皇帝愛奸臣，父母疼廢兒」，但洪老聖太爺與洪老聖太母只要看到小偷懶勳就會面露微笑。上幼稚園時每天回家洪老聖太母第一件事就是幫小偷懶勳洗臉，因為整個可愛的臉蛋上都是幼稚園大姐姐們臭臭的口水味。當時小偷懶勳呼風喚雨、有求必應，家裡經濟狀況雖不是頂好，但只要小偷懶勳金口一開，天上的月亮也會掉下來。

曾幾何時偷懶勳步入了青春期，臉上長了痘痘，也開始近視，可愛的模樣逐漸地變成可惡。當年的粉絲也跟著一一地消失，人生的道路開始坎坷起來，就像德國動物園裡的北極熊克努特（Knut）得了憂鬱症一般。偷懶勳為了挽回粉絲的心，創造新的粉絲開始特立獨行，制服上的學號繡起注音，手錶戴在指頭上，帶頭抽菸、喝酒、把馬子，結果高中讀了六年五間學校，像一包垃圾被踢來踢去，常常呼天天不應，叫地地不靈，處處碰壁。洪老聖太爺與洪老聖太母也開始後悔生了個不肖子，常常喃喃自語說當年不如生個雞蛋，至少還可以拿來煎一煎做荷包蛋。偷懶勳一路走來發現自己的命運竟然如此兩極化，怨天尤人自然不在話下。

大學時偷懶勳就讀於德文系，因為高中時在德國住過兩年，德文程度自然不差，考試時根本不用看書，作文、會話樣樣比人強。每天不是翹課，就是戴著墨鏡醉醺醺地去上課，最糟糕的是還喜歡糾正教授的失誤。幾個酒友考試時都搶著坐偷懶勳旁邊，結果成績出來，那些抄得斷簡殘篇的酒友都沒事，全班竟然只有偷懶勳被當！德文系讀了六年才畢業，真是豈有此理，老天無眼，倒楣到家，命運坎坷！這六年以來偷懶勳一直怨天尤人，抱怨上蒼，為何會命運如此坎坷？後來終於大徹大悟，原來偷懶動雖然德文比一般的同學好，但恃才傲物對教授們不夠尊敬，偷懶動讓教授不爽，教授大人自然看見偷懶動就不爽。而教授大人不爽，偷懶動當然也就爽不起來了！

當時面對這種不公平的待遇，怨天尤人，呼天搶地，十分的憤憤不平。幾年後偷懶動混著混著也竟然當上大學教師，踏上了講台開始為人師表。雖然就職時宣誓公正無私，自命包青天再世，打分數時額頭上還特地貼了一個弦月型貼紙。但後來卻慢慢地發現了一個事實，被洪教授當掉的人往往不是成績最差的，而是洪教授最討厭的學生。睡覺、講話、翹課，尤其不尊敬洪教授、懷疑洪教授專業能力的，經常就在重修的名單上。不久後，洪教授讀到一篇史丹福的研究，上面提到百分之九十五員工被開除是因為與上級的人際關係差，只有百分之五是專業不夠，這顯示了一個事實「**被討厭的人往往得不到公平的待遇**」因此被討厭的人他的人生道路自然就會很難走；反之，一個大家都喜歡的人，就像小時候的偷懶動，人生彩色且光明，每個人為他犧牲奉獻、無怨無悔，雖然小偷懶動愛哭、愛鬧、不懂事，又會拉屎拉尿、沒有生產力、只會消耗糧食，卻沒有被洪老聖太爺與洪老聖太母掐死，反而有求必應，原因只有一個—他們愛他！

洪子曰：「**人生最重要的幸福並不是美貌、金錢、財富和權力，這些都不是幸福的必要條件，幸福的必要條件是—被人喜歡的能力！**」

所以人的一生要好混，最重要的不是專業、不是聰明、更不是用功，而是要努力被人喜歡！被人喜歡，每個人都是你的助力，人生將會乘風破浪，無往不利，輕輕鬆鬆！被人喜歡，才會偷懶偷到快樂得不得了。若連自己都不喜歡自己，則天誅地滅，此生休矣！故偷懶動開始讀起一些「如何讓人喜歡你」、「如何做好人際關係」⋯等書。希望能得到別人的喜愛，讓日子好混一點。可是如何讓人喜歡你呢？

讓人喜歡是一件快樂的事
讓自己喜歡的人喜歡
是最快樂的事

女人如何偷懶

有一個故事，一名從未下山的小和尚看到女人後問師父：「那是什麼？」，師父回答：「不要看，那是魔鬼！」，小和尚說：「師父，原來傳說中的魔鬼這麼可愛啊！」

偷懶勳從小就喜歡看武俠小說，小說中常常有魔女這種角色，會一種叫做「勾魂攝魄」的功夫，只要一般的男人與她對看一眼，就狠不下心殺她，甚至完全違背正道，著迷到為她粉身碎骨也在所不惜，跟白癡沒有兩樣！（就像張無忌遇到朱九真）。小時候偷懶勳最痛恨這種魔女，只要看到會令偷懶勳頭昏眼花的美女，立刻告訴自己那就是魔女，並且立志要學帕爾修斯（Perseus）砍下美杜莎（Medusa）的頭。所以看到美女時都裝出一副道貌岸然，目不斜視、神聖不可侵犯的聖人樣。沒想到長大後不但沒砍下美杜莎的頭，還屢屢變成化石，江湖人稱「火山孝子」！

偷懶勳兩次婚姻失敗後，經人介紹到一家餐廳吃飯，出發前朋友就告誡說店裡的老闆娘亦正亦邪，號稱「美魔女」，乃江湖奇女子是也。偷懶勳存著不信邪的心理前往，沒想到一進店裡美麗的老闆娘淺笑看著偷懶動，四目交接的那一剎那，偷懶動有如被電擊，全身打了個冷顫，骨頭都酥了。但偷懶動處變不驚，立刻意識到這就是傳說中的「勾魂攝魄」。雖然偷懶動仍強裝著一副道貌岸然的聖人樣，但鼻血卻不由自主地噴出來，且一碗湯喝了半天都喝不完（口水一直滴）。當天到底吃了什麼菜，偷懶動一概不知，三魂七魄早就飛到九霄雲外。自此偷懶動每天到這家餐廳報到，只要有一天沒來，就覺得呼吸困難，奄奄一息，喘氣也悲傷！最後偷懶動發揮火山孝子的精神，把整個餐廳買下來，再廉價頂給別人做。在偷懶動這種鍥而不捨、死纏爛打，再加上神智不清的精神下，老闆娘才終於變成偷懶動的老婆大人。

偷懶動和老婆大人在一起後，才了解當男人的快樂，相處時不但茶來伸手，飯來張口，連洗澡、穿襪子、穿鞋子、剪指甲、刮鬍子都由老婆大人代勞，更難能可貴的是小倆口四年內連吵架都不曾。偷懶動說什麼話，放什麼屁，老婆大人都用崇拜的眼光看著偷懶動，偷懶動人生至此，夫復何求？有人形容偷懶動這樣被女人服侍，簡直是和植物人沒有兩樣。但偷懶動對老婆大人則是百依百順、有求必應，財產房子全部自動過戶給她。當時有許多有識之士曾勸阻偷懶動，但偷懶動眼睛根本離不開她，沒有她不但食不下嚥，也睡不著覺。雖然老闆娘過去傳聞十分轟轟烈烈，但偷懶勳選擇不予理會。有一天偷懶勳問她：「妳為什麼這樣完美？」老婆大人回答：「我一生在男人堆裡打滾，追求的就是一個養得起我的好男人，只要把他顧好了，讓他拼死拼活來養我，我何必去做女強人？」

「那妳為什麼選我？」偷懶勳又問。

「你雖不是完美的男人」，老婆大人全身貼過來，在偷懶勳耳邊細語：「但應該養得起我，而且腳不好，不會亂跑，可以多陪我！婚後我也不用追得太用力，怕人跑掉。」，搞了半天原來偷懶勳追到老婆還要拜兩支拐杖所賜！

偷懶王三號大女兒偷懶徽結婚前，老婆還親自傳授神功：「女人命運的好壞全在老公，一生中只要選對了老公，妳就幸福了！女人偷懶的方法就是找一個好老公，然後讓他做牛做馬養妳！我看妳未來的老公還不錯，但是妳必須下功夫，有三件事不能偷懶，第一、外表要維持住，不可以變成黃臉婆，帶出去會丟臉。第二、用心體貼讓他離不開妳。第三、讓他有被需要的感覺，激發他的大男人心理。這樣這個男人就像放風箏一樣，抓住綁在他心頭的線，飛也飛不掉了！」。偷懶勳一旁聽了以後才恍然大悟，為何每次出差都歸心似箭，原來偷懶勳的心頭也被老婆大人綁了一條線。

據說偷懶徽的婚姻到現在仍是十分幸福美滿，故偷懶勳特別記錄這招女人專用的神功，供女性朋友勤練，當然男性同胞也可以做參考，總之偷懶勳的每招神功都是老少咸宜，婦孺老幼均可修練，有病治病，沒事強身，顧筋骨，順中氣，潤喉爽身，奧妙無窮！

勾魂攝魄起手式

月暈效應（halo effect）

記得偷懶勳讀德文系時，班上的眾美女之中有好幾位畢業後當了華航的空姐。偷懶勳上課時常常找機會坐在最心儀的那一位的斜後方，因為偷懶勳對她是愛在心裡口難開，只敢偷偷地注視她。她的每一件衣服，每一個小飾物，每一個動作，偷懶勳都十分欣賞，甚至連她穿短褲時，雪白的大腿上有一塊小小的疤痕，也令偷懶勳流口水。有一天偷懶勳忍不住對同班的酒友說：「你看她大腿上的疤痕，好漂亮！」，結果酒友嘲笑道：「你是頭殼壞了是不是？哪有疤痕是好看的！」

偷懶勳想起自己幼稚園時就很好色，鄰座有一位小美女，偷懶勳也心儀已久，有一次小美女感冒，流著兩條黃黃的鼻涕，偷懶勳竟可以一整天癡癡地欣賞她的鼻涕，覺得那是世界上最美的畫面！

心理學上有一個名詞叫做「月暈效應」，只要你喜歡的人物，無論從哪一個角度來看都是好的，做什麼都是對的，就像滿月時的月亮會出現光環，遮住了坑坑洞洞的月亮。在結婚前，有一次偷懶勳不小心聽到老婆大人與朋友的對話：「你看他（指偷懶勳）拿枴杖走路的樣子好可愛。」。偷懶勳聽了之後不到一個禮拜，就信心滿滿的正式求婚，蓋老婆大人「月暈效應」中毒深矣，連偷懶勳拿拐杖走路都可愛，那阿吉仔（台語身障歌手）不就更可愛了！

麥可喬登穿著NIKE的球鞋灌籃，球迷穿上NIKE之後感到自己籃球進步了。蔡依林喜歡台灣啤酒，她的支持者也喜歡台灣啤酒。林志玲喜歡四物飲，志玲姐姐的粉絲也喜歡四物飲，像偷懶勳就每天都要來上一罐。喜歡周杰倫的話，他的每一首歌都好聽，都是經典。

在小時候作文課，記得當時的作文有「四大天王」，十分好用，只要同學多寫些蔣公、國父、孔子和孟子四大天王的名言佳句，老師都批「言之成理」、「思想正確」、「金玉良言」…等等。偷懶勳若是寫一些個人的看法，則立刻被批「思想偏差」、「難登大雅之堂」、「狗屁不通」、「罄竹難書」……等。後來偷懶勳常常在作文中引用世界上最偉大的哲學家雷德歐德黑特的名言佳句，作文分數才逐漸高了起來。畢業時老師終於忍不住問偷懶勳，雷德歐德黑特到底是何許人也？偷懶勳悠悠地答道：「敝人的外號叫洪老頭，英文是Red Old Head，翻譯成中文就是雷德歐德黑特是也！」，沒想恩師聽完之後竟當場昏厥，差點被人緊急送醫急救，真是罪過，罪過！阿彌陀佛！

要練成「勾魂攝魄」就必須使人對你產生「月暈效應」，換句話說就是要讓人喜歡你，只要別人喜歡你，一切都好辦，萬物皆為我所用，偷懶偷到爽死！

也許有些看倌會問說：「如何讓人喜歡你，產生月暈效應？」

洪子曰：「要別人喜歡你，產生月暈效應的必殺技就是——自己先暈，你先暈別人就容易跟著暈，說成人話就是你先釋出善意，喜歡別人，別人就比較容易喜歡上你！人類總是喜歡懂得欣賞自己的人，欣賞自己的人絕對都是聰明、有眼光，而且更是正直誠實的好人。例如喜歡偷懶學而踴躍購買的人，也必定讓偷懶動愛你愛得要死！

不被人喜歡
還能過得幸福快樂
謂之超人

勾魂攝魄第二式
似我效應——哪裡人的秘密

記得有一次考試，全班的成績都不是很好，原因是老婆大人要與前夫的兒子商量終身大事而去大陸，一想到老婆大人要和她兒子見面，就想到不可避免也要和前夫見面，一想到這裡，偷懶動滿腦子剎時浮起舊情人異地相逢，姦情火熱的畫面，心情接近抓狂，改考卷時滿腔的妒火，當場轉嫁到試卷上，改得十分嚴苛。五十六、五十七、五十八、五十九分的比比皆是，比平常多了好幾倍。且因偷懶勳瘋狂執行鐵面無私的誓詞，來要分數的都一一被打回票。下課時，一位拄著拐杖的殘障生來辨公室找偷懶勳，希望能讓他及格。偷懶勳看他只有五十五分，不禁打起官腔來：「那麼多五十八、五十七的人來要分數我都沒給了，你憑什麼來要分數？」

那位同學向偷懶勳敬個禮之後回答：「教授大人啊！同是天涯拐杖人，相逢何必曾相識。更何況，煮豆燃豆萁，豆在釜中泣，同是殘障生，相煎何太急？」，偷懶勳愣了一下，面有愧色，當場改為六十分，成為該次考試唯一的漏網之魚。

不論中外，陌生人相聚時最常見的話題就是「你是哪裡人？」，以前偷懶勳認為這只不過是一句應酬話而已，後來神功慢慢練成後才發現這句話大有學問。所謂「沒關係、找關係！」，假如是同鄉，那自然當場相擁而泣，雙袖龍鍾淚不乾。若非同鄉也可以表達自己對那個地方很熟；地熟、人就熟！若真的沒去過也可以表示自己對那個地方的嚮往。例如：「請問你是哪裡人？」

「屏東人。」

「屏東哪裡？」
「東港。」
「啊！東港哪裡？」
「延平路！」
「幾號？」
「三百六十八號！」
「我三百六十號！你是……」下一個節目自然是老鄉遇老鄉，兩眼淚汪汪。
或是：「哪裡人？」
「屏東人。」
「屏東我去過，風景好漂亮，東港的海產真好吃！」這下子感情也增溫不少。
或是：「哪裡人？」
「屏東。」
「屏東我雖然沒去過，但我很想去，聽說那裡的風景很美！」，這樣人際關係加個兩分也應該有，反正說他的家鄉好就對了。

偷懶勳在台北求學時，也曾遇過台北的土包子：「屏東？在南部耶！會不會很荒涼啊？」，偷懶勳總是面無表情地回答：「會呀！屏東在傍晚的時候，你還會看見有人騎著馬、背著劍，從路上經過呢！」

心理學有一個名詞叫做「似我效應」，只要是和我相同的人，往往很快被接受，被喜歡。阿諾史瓦辛格（Arnold Schwarzenegger）演過的電影叫「魔鬼複製人」（The Sixth Day），複製人奪去他的家庭、老婆、小孩一切屬於他擁有的東西，他本來發誓要幹掉複製人，找到之後一相處，卻接受了他的複製人，原因就是他看見複製人就好像看見自己。

為何「同是天涯淪落人，相逢何必曾相識」？答案是境遇相同，自然不用認識也能了解對方。什麼是自己人？和自己站在同一邊的人。同鄉、同宗、同學、同事、同黨，甚至支持共同的候選人、共同的理想、看法……都能拉攏關係！總之只要像自己的就是好的，就是對的。這就是「似我效應」，有了「似我效應」之後，就很容易產生「月暈效應」。

根據研究報告，孤兒結婚的對象往往也是孤兒，離婚的人再婚的對象也是離過婚的，被升官的人往往他的看法、意見跟老闆如出一轍。喬、吉拉德曾表示讓顧客馬上接受你的秘訣之一，就是在十分鐘裡找出二十個與顧客相同的地方，並且告訴他。

如何變成萬人迷？答案是「一樣」，和對方一樣！如何變成萬人嫌？答案剛好相反，就是不一樣，和別人都不一樣！

跟我一樣就是對的，就是好人

勾魂攝魄第三式

拯救世界的方法　中國拍馬屁基本教材第一課

記得國中時偷懶勳邀了一位同學來家裡玩，這位同學功課不錯又有禮貌，看見洪老聖太母就先鞠了躬然後說：「歐巴桑，你好！」，離開時也特別向洪老聖太母告別：「歐巴桑，再見！」。沒想到同學一離開，洪老聖太母就把偷懶勳叫過去，很慎重地說：「小動啊，這個朋友不好，你以後少和他來往。」，偷懶動心中不以為然，就問道：「哪裡不好？」

「總之沒有禮貌！」

看見洪老聖太母的臉色鐵青，偷懶動不敢多問，等洪老聖太爺下班時，偷懶動偷偷地問他洪老聖太母發飆的原因，洪老聖太爺聽後啞然失笑，道：「你老母今年才過四十，江湖人稱『賽西施』，穿著又時髦，竟然有人叫她歐巴桑，恐怕是生平第一遭吧，她當然會不高興！」

「那要怎麼叫？」偷懶動還是搞不清楚狀況。

洪老聖太爺一聽，知道偷懶動年幼無知，立刻機會教育：「小動啊，你千萬要記得，對女性同胞只有一種稱呼，那就是，小姐！」

「那假如她六十歲了？」

「小姐！」

「八十歲？」

「小姐！」

「一百歲？」

「小姐！」

「這不誠實啊！」偷懶動不甘心地叫起來。

「生存勝於誠實！」洪老聖太爺的這句可以流傳千古的名言，偷懶動結婚多年後逐漸才領悟。「你媽媽每次燙完頭髮問我好不好看？我一律說好看！」

「假如不好看呢？」

「也要說好看！」

「這太虛偽了吧！」

「不好看，結果就重燙，燙一次頭髮要三、四千，請問你是要買單呢？還是說好看？」

「可是……這不是說謊嗎？老師說不可以說謊！」

「去探望一個末期的癌症病患，請問你該說些什麼？棺材準備好了嗎？後事交代了沒？還是你氣色好多了，哪時候出院？白色的謊言（white lie），無傷大雅的謊言，不但可以為對方打氣，更可避免無謂的困擾！懂嗎？」

後來洪老聖太母六十五歲去金門旅遊時，因為採購得太踴躍，大包、小包拿不完，沒想到當時有一位英勇的國軍官兵主動向前對洪老聖太母說：「小姐，我幫你拿吧！」。洪老聖太母當場龍心大悅，笑得合不攏嘴。據說回台灣後見到三姑六婆之類的人物馬上宣傳有人叫她小姐，並且連續宣傳三個月，足見洪老聖太母經此一事件後，對金門的印象當然是好到無以復加。

偷懶勳外號洪老頭，平時老成持重，老氣橫秋，老態龍鍾，老而不死。二十三歲時參加喜宴，竟然有人問三十了沒？偷懶勳沒好氣地答道：「快四十了！」，沒想到對方還相信，並誇獎偷懶勳如何駐顏有術云云。經過這次教訓後，偷懶勳發現不論男女其實都很在意年齡的。故中國拍馬屁基本教材的第一課就是「逢人減壽，逢物加價」，猜年紀一定要少猜個幾歲，任何事都要精準，唯有猜年紀精準的人一定被人唾棄。

洪老聖太爺一向勤儉持家，克勤克儉，每次買東西時必大殺特殺，號稱「見骨神殺手」，買到便宜貨總是希望別人猜價錢，有一次買了一雙皮鞋就問偷懶勳大概是多少？偷懶勳因熟讀中國拍馬屁基本教材第一課「逢物加價」的道理，二話不說，直接猜：「至少要兩萬！」，樂得洪老聖太爺合不攏嘴。結果洪老聖太爺又去問兩個弟弟，兩個弟弟均知洪老聖太爺節儉成性，直接就猜：「兩百元。」，氣得洪老聖太爺大叫：「兩百？太少了吧！我三百元在路邊好不容易才買到的！」。據說洪老聖太爺以後買任何東西都喜歡找偷懶動猜價錢，還逢人稱讚偷懶動孝順呢！

有一次同學和班上的美女聊天時，同學說：「妳爸爸一定是天上的小偷！」美女同學杏眼圓睜，很生氣地問：「為什麼？」同學好整以暇地慢慢說：「要不然它怎麼會把天上的星星偷下來放在妳的眼睛裡！」偷懶動看見美女同學微笑並且含情脈脈地看著那位同學，也立刻對著美女同學說：「我覺得妳爸爸一定是農夫！」美女同學也微笑且期待地看著偷懶動問：「為什麼？」偷懶動也不疾不徐地說：「要不然它怎麼會把蘿蔔種在妳的腿上！」結果不要說含情脈脈了，只見美女同學宛如千手如來趙半山，書桌上的書本、筆盒與水壺在瞬間突然齊數飛向偷懶動，說時遲那時快，偷懶動武功太差，一樣也沒躲過，當場唏哩嘩啦被K得滿頭包，自不在話下。

喬、吉拉德認為銷售的秘訣在於先要將自己推銷出去，而推銷自己的方法則是找出對方的優點，然後讚美他。湯姆．萊斯及唐諾．克里夫頓（Tom Rath、Donald O.

Clifton），在「你的桶子有多滿」（How full is your bucket）一書中指出「懂得欣賞你的人一定是好人，有智慧的人」，能看出對方優點的人，必定讓人喜歡。故洪子曰：「看得見別人優點的人有福了，因為天堂是屬於他們的！」。蓋看來看去都是好人，都是優秀的人，你不是在天堂，難道是在地獄？

洪子在中國拍馬屁基本教材第二課中提到幾項拍馬屁的心法，為中國千年不傳之祕，為回饋英明識貨的讀者們，偷懶動特地偷偷摘錄出來，分享各位看倌：

一、私拍不如公拍

稱讚別人時一定要在公開的場合，效果較佳。例如學生成績進步，必須公開表揚，勝於私底下稱讚。

二、正拍不如側拍

直接稱讚不如透過第三人稱讚。每每學生當面稱讚偷懶動上課幽默、有趣，偷懶動一向不為所動，因為偷懶動認為這種稱讚純粹是學生為了求生存的三流手段。但若透過他人之口轉述，例如朋友提起說某某學生盛讚偷懶動上課幽默、有趣，偷懶動則立刻飄飄欲仙，不支倒地。

三、拍物不如拍人

說衣服漂亮，不如說衣服穿在他身上好看。稱讚對方開的高級賓士車（Mercedes-Benz），不如稱讚他的駕駛技術或身分地位。

四、拍屋不如拍烏

古語云：「愛屋及烏」，稱讚本人不如稱讚他的親人。例如應該稱讚老師帥，還是稱讚師母漂亮？當然是師母漂亮。說小孩聰明比說爸爸聰明更讓父母高興。

以上四大拍法還望各位看倌善加利用，努力的拍，拼命的拍。改變稱讚，就改變人際關係，人際關係改變，人生就改變。人生改變，世界就改變！**故要改變世界，先從中國拍馬屁基本教材第一課開始！**

勾魂攝魄功力評量表

勾魂攝魄的功力可分為五級：

第一級　81-100分：沒有你不行

當勾魂攝魄的功力到達爐火純青的境界時，別人幹啥事都需要你，沒有你不行，看到你就高興。例如高中時每次舉辦露營，大家一定都會要求班上的露營先生參加，因為他家開體育用品社，露營器具一應俱全，認識的美女又多，出錢出力，帳篷由他搭，生火由他生，燒飯由他燒，碗筷由他洗，眾美女則由其他人虧（台語調情），真是標準的露營必備良伴。每個朋友都愛死他了，露營時沒有他還真不行。你對別人越有用，則勾魂攝魄的功力越強，你越能幫別人偷懶，你就越有用！最後沒有你不行，愛你愛到死！

第二級　61-80分：有你比較好

這種人人際關係不錯，不出錢也出力，不出力也出錢，受人歡迎，人有趣，也有料，更有心，有你在，場面顯得熱鬧，心中較為踏實。隨時隨地大家都認為有你比較好。

第三級　41-60分：有你無你無所謂

此種人可有可無，來了不嫌多，沒來也不嫌少，有沒有無所謂。沒來沒人會發覺，來了也沒有人特別高興。總之這種人就像空氣一樣，沒人看得見。

第四級　21-40分：沒有你比較好

此種人並不受歡迎，沒有他的場合較令人心曠神怡，有了他覺得有點礙眼，能不來就盡量不要來。

第五級　0-20分：沒有你就好

什麼都好，只要沒有你就好。這種人有如瘟疫，恐怖的程度，大家避之唯恐不及，人際關係指數零分，命運坎坷，處處碰壁，一生孤苦伶仃，落魄潦倒，終老一生。

勾魂攝魄評量表也可以算是一種人際關係的評量表，各位看倌可自我評量一下，在家中、在公司、在學校，在任何場合你是屬於哪一種人？

＊以下是偷懶動在任教公關訓練班時所製作的一份問卷，這與勾魂攝魄的功力有著直接的關聯，分數越高者表示勾魂攝魄的功力越高，適合做公關，看倌們可以自我考核一下：

業務公關能力考核表

洪樹勳博士製作

1. ( ) 我的外表（A）讓人噴口水（B）讓人吞口水（C）普通（D）讓人沒口水（E）讓人吐口水（20分）
2. ( ) 我的酒量（A）長鯨吸海（B）一瓶大高以上（C）三瓶啤酒（D）淺嘗即止（E）三杯兔（5分）
3. ( ) 我的酒品（A）安養院的老人（B）陶淵明再世（C）噴泉中的男童（D）如花公主（E）喬峰大戰聚賢莊（10分）
4. ( ) 我的歌藝（A）巴伐洛帝（B）費玉清（C）成龍（D）陳雷的國語歌（E）屠宰公會理事長（5分）
5. ( ) 男女對唱情歌我（A）全部都會（B）跟得上時代（C）還好（D）只會傷心酒店、雙人枕頭（E）完全不會（10分）（答E者下題免答）
6. ( ) 對唱時我會（A）挽手拋媚眼（B）含情默默手指對方（C）對看微笑（D）各唱各的（E）心不在焉（15分）
7. ( ) 我的舞技（A）麥可傑克森（B）劉真（C）基本教材（D）同手同腳（E）垂死的天鵝（15分）
8. ( ) 我會的遊戲（A）樣樣精通（B）大部分都會（C）會個一兩樣（D）只會一樣（E）完全不會（10分）（答E者下題免答）
9. ( ) 玩遊戲時我會（A）輸的時候慘叫並撒嬌（B）顧全對方面子（C）照規矩來（D）不動聲色（E）贏了諷刺輸了翻桌（10分）

10.（ ）與顧客相處時我會（A）主動與顧客聊天（B）有問有答（C）有問必答（D）勉強應付（E）媽祖再世（15分）（答E者以下題目均免答）

11.（ ）聊天時我會（A）以顧客為中心（B）都可以聊（C）普通（D）以自己為話題（E）討論國家大事（15分）

12.（ ）我能很快就發現顧客的優點（A）非常同意（B）同意（C）普通（D）不同意（E）非常不同意（10分）（答E者下題免答）

13.（ ）我會告訴顧客他的優點（A）隨時隨地（B）經常如此（C）偶而如此（D）很少如此（E）只會告訴他缺點（10分）

14.（ ）吃蝦子時我會（A）主動幫客人剝殼（B）會詢問客人要不要幫他剝殼（C）客人要求才剝（D）看老娘高興（E）自己吃得爽最要緊（10分）

15.（ ）上班時我臉上都保持笑容（A）非常同意（B）同意（C）普通（D）不同意（E）非常不同意（10分）

16.（ ）我會主動與顧客聯絡（A）非常同意（B）同意（C）普通（D）不同意（E）非常不同意（10分）

每題分數於題後括弧內A得滿分B少五分一C少五分之二，以此類推，如第一題20分；A得20分；B得16分；C得12分；D得8分；E得4分。

180－140超級公關　139－110優良公關　109－90 潛力公關
89－60 未開發公關　59以下 上錯天堂投錯胎，你適合當關公。

勾魂攝魄第四式
廢話多說

話說傍晚偷懶勳心情不爽回到家，老婆立刻迎上前說：「老公你回來了？」

偷懶勳回答：「我回來了。」

（偷懶勳心理滴沽著，**廢話**，妳沒眼睛嗎？難不成是隔壁的老王回來了？）

後來偷懶勳看見在廚房炒菜中的老婆說：「炒菜啊？」

老婆回答道：「嗯，炒菜。」

（老婆心理ＯＳ：**廢話**！我不是在炒菜難道是在跟隔壁的老王炒飯嗎？）

這時小朋友回來了叫了一聲：「爸、媽，我回來了！」偷懶勳與老婆同時說：

「哦，你回來了。」

（兩人同時ＯＳ：廢話，我們都沒瞎，當然看見你回來了！）

以上的對話似乎都是廢話，但我們每天還是不斷地會重複這種廢話，人與人之間的溝通其實很多是廢話，例如看到鄰居要到公司上班時會問他：「要去上班啊？」路上遇到認識的人會問他：「吃飯了嗎？」天氣好時你也會對認識的人甚至陌生的人說：「今天天氣真好。」請問這句話有何意義？你就算說天氣好或不好天氣也不會改變。

偷懶勳在成長期中常常被教導廢話少說，但後來卻發現日常生活中大人們卻常常說一些沒營養的話，也就是廢話，例如很多人都會很關心地問偷懶勳好不好？但除了回答說好以外你還能回答什麼？而且每個人也期待你回答說好。因為萬一你回答不好時，對方有可能不知道應該如何接下去。還有偷懶勳吃飯的時候遇到了人，有人會白癡地問：「吃飯啊？」散步時有人會問：「散步啊？」諸如此類的廢話，更氣人的是偷懶勳上課時學生只記得「下課」兩個字，其他的都是廢話。

偷懶勳曾看過一本「四十個英文單字自助旅行遊世界」的書，書中表示只要會這四十個特定的英文單字就可以暢行世界，溝通無障礙，可見這四十個字多重要，但如依此反向推論則有多少字是用來說廢話的？偷懶勳記得剛去德國時與一位日本廚師米丘桑來往甚為親密，偷懶勳和米丘桑兩個人都是初到德國，德文自然不通，英文也菜，而偷懶勳的日文也只會「YAMAHA」、「SUZUKI」之類的等，頂多再加上個

「巴格也魯」之類的而已。但我們兩人卻常於下班後混在一起，感情比起很多一天到晚廢話說個不停的朋友還好。

偷懶動發現人與人之間的談話常常不見得有什麼微言大義，反而大部分的都是廢話連篇。既然是人人都教導小孩子「廢話少說」、「沉默是金」那為什麼還有那麼多廢話？

偷懶動修練勾魂攝魄這招一段時間後，才開始慢慢地逐漸開悟，發現了廢話的藝術。原來人是一種群體的動物，也是一種感情的動物，而廢話正是人與人之間最重要的潤滑劑，廢話越多感情越好。請各位看倌捫心自問您和誰感情最好？誰是和您最親密的人？答案就是：

和您廢話最多的人！

至交好友雖是無話不說，但說來說去，到底哪幾句有重要的內容？百分之九十九以上還不都是廢話！嗨！早、晚安、吃飽了嗎？那個老師很帥、昨天連續劇主角失蹤了、老闆很摳、某某某失戀了、隔壁班有一個花癡……請問這些話有營養嗎？不都是廢話嗎？而感情不好的人您會和他廢話嗎？恐怕連「對話」都不想，看見師長、老闆能閃則閃，連電梯都要等下一班。以廢話的多寡來區分兩個人的親密度，往往是心理學上人際關係與感情的重要指標！夫妻一停止說話，感情紅燈就亮了。所以洪大心理學家認為廢話少說是用於沒有緊要關係或沒有交情的人，而想要套交情或增進感情的對象則要廢話多說。因此廢話當然也有它的藝術與價值存在。

嚴長壽先生擔任運通公司經理時被派到總公司美國出差，長壽兄苦學英文自然沒問題，因此在公事上長壽兄自然能應對得宜。但開完會參加宴會時卻無法和大家聊天，因為幾個大男人聚在一起都是聊球賽，而球賽又有專門術語，長壽兄一句也插不上，所以完全無法融入，蓋長壽兄工作忙碌，又勤於自學哪有時間看球賽。談到湖人隊、洋基隊，連棒球、籃球都搞不太清楚，自然被人屏除圈外。因此長壽兄回國後立即加強惡補，鑿壁借光，囊螢照書，懸樑刺股，臥薪嚐膽，努力收看NBA，終於在以後出國的時候，句踐復國，一舉打入了洋鬼子的社交圈。

根據喬吉拉德（Joe Girade）的看法，最厲害的業務員自然應具備有什麼都能聊的能力。客倌您要聊股票，聊天氣，聊政治，風花雪月，天文、地理、時事、兒童教育……一應俱全，且聊的時候自然不是業務員自己聊得爽，而當然是要讓客戶聊得很爽。客戶一爽自然下單，親朋好友爽，和您的感情自然加溫，女朋友聊到爽了，自然是同床共枕……聊到天亮。

什麼事最能讓客戶聊得爽呢？當然是有關客戶本身的事，客戶感興趣的事，尤其是客戶的豐功偉績。例如偷懶動每次要向洪老聖太爺開口「詐錢」的時候都會先問一下洪老聖太爺：「為什麼當年您會被推舉出來選民意代表？」「當年您是怎麼讀書的？怎麼這麼厲害，高中二年級就能考上南京政大？」諸如此類的問題。等到洪老聖太爺的「當年勇」一一陳述完畢，偷懶動才開口：「學校近來要加強課後輔導，每人三千。」結果一向節儉成性，密不透風，號稱「見骨神殺手」的洪老聖太爺竟然二話不說，皮夾掏出就是三千毫不殺價。當然這三千的下場絕非什麼課後輔導而是課外活動，此為後話表過不提。

而許久沒見面開口就借錢的朋友，人人敬而遠之，為什麼？廢話量不足，感情沒加溫就要別人幫忙自然容易徒勞無功。怪不得現代的父母面對只知要錢的兒女很感慨，大嘆：「連詐騙集團都還懂得先和『客戶』聊天打屁，拉攏感情！」

有一次喬吉拉德的客戶原本準備下單訂車，突然臨時取消交易，反而向另一名業務員買了車。事後喬吉拉德帶了一份禮物去登門拜訪那位客戶，表明知道對方已買車，請求對方告訴他為什麼最後會改變心意。這個客戶一開始時顧左右而言他，但最後被喬吉拉德的誠意所感動就告訴喬吉拉德：「其實我本來已經準備買你的車了，可是那天和你聊天時，我對你說我兒子今年考上哈佛，但當時你電話剛好突然響起，而你接了電話並在說完電話後，你就再也沒有談到此事了。」

一個客戶會對你說到他兒子考上大學，更何況是哈佛，可見客戶已把你當自己人才會和你分享他的喜悅，而喬吉拉德竟然會忘記了這極其重要的一點，正表示他並沒有真正用心在對待客戶，順著客戶最喜歡的話題發展，因此客戶才會認為自己的熱臉貼到冷屁股，憤而轉向他人購車。

記得偷懶動在工廠打工的時候，同事都是三姑六婆之類的，常常邊工作邊聊天，而因為年紀與性別的關係，沒人理偷懶動。偷懶動仔細聆聽她們的談話內容，主要都是討論當時的連續劇「河上的月光」，十分無聊，全是廢話。偷懶動自視為高級知識分子，根本不看連續劇，但一個星期下來，偷懶動發現照這樣下去自己可能會有自閉的傾向，但這些三姑六婆又不可能和偷懶動談卡夫卡（Franz Kafka）或赫曼赫賽（Herrmann Hess），於是偷懶動想起了可蘭經（Quran）的名言：「如果山不過來，我就過去」，開始準時收看「河上的月光」。第二天上班時偷懶動就開始提問劇情，三姑六婆你一句我一句，很熱心地搶著對偷懶動說明前情提要，交代故事的前情，結果沒幾天偷懶動自然就與這些三姑六婆打成一片。兩個月後三姑六婆們聽到偷懶動要回去讀書了，個個若有所失，離情依依，且還臨行密密縫並叮嚀囑咐千萬不可忘了準時收看「河上的月光」。

所以說人類的廢話中表面上看起來沒有意義，但其實大部分都包含著感情的交流，你好、早、晚安、吃飽沒？代表了關心與問候。廢話往往是一種心靈的溝通，讓兩個靈魂自然地交流。各位看倌應該都有這種經驗，偶而與自己的至交好友同床共枕聊了一夜，互訴衷曲，談到不知哪時睡著，醒來後感覺十分愉悅且心靈充實。但整晚的廢話在之後，卻再也沒人記得到底聊了些什麼，可是那晚的感覺卻永遠忘不了。

要提升廢話的技巧迎合對方的主題是很重要的，多點頭多說「對，是，好」之類的話固然很重要，但若沒加上一些調味料諸如「後來呢？為什麼？怎麼會這樣？」，則對方極可能無法盡情發揮，對你盡抒情懷。且最後更應該要加上例如：「厲害！太棒了！我怎麼沒想到？」等感想或結論，這樣自然就能功德圓滿，感情升溫。

自古以來與陌生人拉近距離的不二法門就是談話，但談話當然也有一些禁忌，例如初次見面時絕不可問對方的年齡、收入……等，同時應避免談政治、宗教信仰等這類危險的話題。偷懶動小時候最討厭人家問：「這次考試考幾分？」，其原因自無需在此詳述。而長大後最討厭的問題是：「結婚沒？」因為這種問題是在懷疑偷懶動沒有娶老婆的能力。

有一次坐飛機從洛杉磯直飛台北，上機時發現旁邊竟坐了一位美女，偷懶動暗爽在心底，想要搭訕，因為太猴急不假思索，問了一句：「小姐，飛台北啊？」美女立即白了偷懶動一眼不屑地說：「先生，要不然這台飛機還能飛到哪裡？」偷懶動碰了一鼻子灰，不死心又說：「小姐，妳好漂亮！」美女看了一眼口水直噴的偷懶動回答：「先生，您好豬哥。」說完美女報紙拿起來就不理偷懶動了。當場搞得偷懶動灰頭土臉。偷懶動經此教訓後，苦研「陌生交談」，如何與陌生人對話，免遭白眼，甚至拉攏關係。經過這位美女的開導啟示以及偷懶勳苦苦研究的結果，偷懶勳終於悟出了「陌生交談三主題必勝廢話術」，也就是說遇到沒有關連的陌生人可以用三種話術作為開場白，不但不會被打槍，還能拉近距離。

首先第一個話題就是千古不變，古今中外，熟人、陌生人都適用的話題「聊天氣」，你對陌生人說天氣不錯、太陽好大或下雨了，陌生人頂多不回答，決不會把你當瘋子或當色狼。若陌生人回答：「是啊。」則對話就可以順利地展開。成功的業務員都知道只要客戶連續回答七個「是」或「對」，則成交的機率就高達百分之九十，而天氣不錯往往可以得到第一個「是」。

其次就是稱讚對方的人或其他相關事物，例如髮型不錯、衣服或鞋子好看、包包造型特殊，尤其若是稱讚對方氣質高雅則更是具有神效。但讚美人的時候除了氣質、手和頭髮可以稱讚外，千萬不要第一句就學偷懶勳說對方漂亮，更不可以來一句什麼大腿很白很光滑之類的廢話，以免被人誤認為是怪叔叔之類的。而若對方帶著小孩子或寵物，則稱讚小孩或寵物更是首選的破冰話題。

最後就是要讚美周遭環境，尤其是對方的地盤，例如業務員進了別人家裡一定要稱讚家裡清潔、布置典雅或環境良好，這樣被掃把掃出去的機率才會降低。

事實上，人際溝通可分為三種，即向上溝通、向下溝通與水平溝通。向下溝通就是與下屬或晚輩間的溝通，向上溝通就是與長輩或長官間的溝通，而水平溝通則是與平輩、或是同學間的溝通。其中最困難的就是向上溝通，但最重要的卻是向上溝通。蓋人類的資源大多數掌握在長官與長輩的手中，只要擁有向上溝通的能力，有能力搞得長官與長輩都爽了，因而得到長官與長輩的照顧，人生的前途自然不可限量。綜觀歷史上有哪個皇太子不是受到父皇的寵愛得以順利繼承皇位？有哪個大官不是受到上司的青睞而步步高升、平步青雲？因此向下與水平溝通雖然也很重要，但向上溝通做不好則往往徒勞無功，甚至禍起蕭牆。例如岳飛、袁崇煥等人雖都是為國為民的忠臣名將，但正是因為他們沒有做好向上溝通的工作，乃至落得下場淒涼，不就是最明顯的例子？

偷懶動從小每週日早上就被洪老聖太母抓去教會做禮拜，每天虔誠禱告，但後來偷懶動的偷懶本性逐漸發作，連禱告都想偷懶，覺得上帝既然無所不能，當然了解我們的苦，了解我們的心，了解我們的一切，那我們的禱告豈不都是廢話？所以偷懶動提倡真正信上帝的人不必禱告，因為上帝都知道了，應該廢話少說。直到後來遇到了邱光明牧師，才改正了偷懶勳錯誤的觀念，因為光明兄和偷懶勳都是「跛腳俱樂部」的會員，似我效應作用見面三分情，所以令偷懶勳心服口服。光明兄深諳人性，循循善誘：「勳兄的見解真是太精闢了，很多人都與你一樣有類似的問題。請問你喜歡女孩子心裡愛著你，還是直接對你愛的告白？」

「當然直接愛的告白！」

「假如你有兩塊餅乾，沒事你會不會分給弟弟？」

偷懶勳答：「應該不會。」

光明兄又說：「假如你弟弟求你呢？」

「應該會吧。」

「上帝也一樣，喜歡你的告白，喜歡你的祈求，喜歡你親口對他說。」

偷懶勳這才恍然大悟，原來竟連上帝也喜歡聽廢話，更何況我們這些凡夫俗子呢？一千零一夜的女主角靠著說廢話的技術免去了被國王砍頭的命運，甚至後來還當了王后。所以學習偷懶學的人豈可不「廢話多說」，努力向上溝通，搞好人際關係，練好勾魂攝魄，才能「天地萬物皆為我所用」，偷懶偷到爽死！

什麼叫寂寞？連一個說廢話的對象都沒有

偷懶神功第五招

呼風喚雨

他呼風來　風就來

他喚雨落　雨就落

金婚紀念日

每個人的一生中頂多只有一次的金婚紀念日，所謂的金婚就是結婚五十週年，例如偷懶勳三十四歲結婚，在沒離婚的情況下，金婚那年也要八十四歲了。但偷懶勳因離婚紀錄累累，這輩子若真的有金婚紀念日，恐怕要到一百〇八歲了！

一般人認為若一對夫妻能共度金婚，那他們的感情必定金石彌堅，白頭偕老指日可待。但社會上偶而還是會有老夫老妻婚姻破裂的消息，當然，通常這只是偶然罷了。很多人認為夫妻最容易離婚的那一年是第七年，因為「七年之癢」的關係。其實七年之癢是一個心理學的名詞，意思是指男人對一個女人的肉體，不管那個女人的肉體有多火辣，到了第七年就索然無味，做愛有如喝白開水，只能解渴，沒有味道。所以很多男人會去追逐另一個肉體，但是這個男人往往只是肉體出軌，心裡並不一定出軌，若雙方能妥善處理，很可能可以避免家庭破碎的悲劇發生。根據統計真正最容易離婚的是第一年結婚，不是第七年。第一年叫「紙婚」，婚姻像紙一樣，一撕就碎，彼此無法磨合是主要原因。

話說有一對老阿公與老阿嬤在金婚的那一天，老阿公穿上西裝，老阿嬤披上了白紗，兩人歡歡喜喜地去教會慶祝金婚，賀客絡繹不絕，老夫妻忙進忙出一整天。到了夜晚老阿公拖著疲憊的身軀洗完澡出來時，躺在床上的老阿嬤開口了：「我肚子有點餓！」，老阿公二話不說就走到廚房烤了兩片吐司盛在盤子裡拿給老阿嬤：「吃吧！」老阿公說。

老阿嬤坐起來端著盤子，看到吐司，手開始抖起來，然後全身簌簌地發抖，眼淚落了下來，她用力地把吐司丟在牆壁上，歇斯底里般的大叫：「五十年了！五十年來你給我的吐司永遠都是第一片與最後一片，沒人要吃的才留給我，你把我當什麼？我受不了了，我要離婚！」

老阿公默默的撿起吐司，拍掉灰塵，突然一轉身，也把吐司丟在牆上大吼：「離婚！好！離婚！我也受夠了，妳每天嘮嘮叨叨，唸個不完，我也夠了！告訴妳，妳的墓誌銘我都想好要怎麼寫了！」

「怎麼寫？」

「一世嘮叨，終於閉嘴！」

「你……你……你……你的墓誌銘我也準備好了！」

「準備什麼？」

「我會刻上八個字『軟弱多年，終於僵硬』！」

這下子老阿公暴跳如雷，質問道：「從新婚的第一夜妳就吵著肚子餓，我拿給妳的不也是第一片與最後一片，妳不喜歡吃為什麼不說？」

「你好心烤吐司給我，若嫌棄的話，新婚之夜的氣氛恐怕就被破壞，而接下來的餘興節目可能會泡湯！」

「那第二次怎麼不說？」

「第一次都吃了，第二次只好繼續忍受！」

「那第三次呢？」

「第一次、第二次都吃了，第三次當然逆來順受，不過……」，老阿嬤突然又大聲起來：「五十年了！我受夠了！我不要再吃第一片與最後一片，我要離婚！」，說完老阿嬤又大哭！

老阿公大喊：「不要哭了，妳知不知道？還沒結婚時我媽媽都給我吃第一片和最後一片吐司！」

「為……什……麼？」老阿嬤邊哭邊問。

「因為，我媽媽知道我最喜歡吃第一片與最後一片，烤起來最酥最好吃！」

「那你自己為什麼不吃！為什麼不說！」

老阿公愣住了，一會兒才慢慢地說：「我想留給妳吃，我以為妳也喜歡。」

老阿嬤也愣住了，她發現老阿公五十年來竟然給她自己最愛吃的吐司，而他自己則暗自的吞了五十年的口水，想到這裡老阿嬤放聲大哭，一下子抱住了老阿公。

老阿公這才想到老阿嬤竟然為了他五十年來委屈地吞下了不喜歡吃的吐司。想到這裡老阿公也涕泗縱橫，緊緊地抱住了老阿嬤，兩個人又抱又親！

第二年，一個新的小BABY又誕生了！

為什麼兩個人要忍受五十年的第一片與最後一片吐司呢？答案是因為兩個人都不說。老阿公以為老阿嬤了解他的好意，沒想到老阿嬤因為愛他所以忍氣吞聲，五十年的悲劇肇始於兩個人都沒有把心裡面的話說出來。

洪子曰：「呼風喚雨的先決條件就是溝通，和風溝通，和雨溝通。溝通的的一步就是把話說出來，說了，不一定能溝通，但是不說，就永遠溝不通！」

黑色情人節

話說偷懶動在結婚後的第一個情人節當天下午，打電話給老婆大人：「老婆大人，情人節快樂！請問我等下買鮮花回去好不好？」

「唉呦！今天的花那麼貴，不要浪費錢了好不好？」

「那巧克力可以嗎？」

「巧克力吃了會胖，我在減肥你不知道嗎？」

「那妳、妳要什麼？」說到這裡偷懶勳開始緊張起來。

「不用啦！老夫老妻了，不要浪費錢了，你早點回來，我做了很多你愛吃的菜！」。聽到這裡偷懶勳差點流出感動的眼淚，立刻收拾東西，直奔愛巢。

到家裡果然老婆大人已準備了一桌的飯菜，看到偷懶勳就順手幫忙拎走公事包，再幫偷懶勳脫鞋脫襪，然後把碗筷放好，說：「吃吧！親愛的，情人節快樂！」

看到這幅情景，偷懶勳感到無限地幸福，不禁說了一句：「老婆情人節快樂，我真幸福！」說完就開動了。

沒想到越吃越覺得老婆大人臉色逐漸陰沉，公事包被翻來翻去，最後老婆大人開口了：「你說，你藏在哪裡？」

偷懶勳邊吃邊問：「我藏什麼？妳什麼東西掉了？」

「你還裝蒜，禮物呀！」老婆大人的臉色越來越難看。

「什麼禮物？」

「我們結婚後第一個情人節，你，就沒買禮物了，怎麼了，變成黃臉婆了嗎？到底還是不是情人？」

偷懶動立刻放下筷子，溫柔地說：「老婆大人你不是說不要浪費錢嗎？」

「浪費錢？買禮物給我叫做浪費錢？」老婆大人的音量越調越大。

「當……當……當然不是！」偷懶動開始結巴起來：「妳不是要我不用買嗎？我完全遵照你的指令，我都是聽你的呀！」

「聽我的？…我要你去死，你去不去？」

「老婆大人，你要我不要買禮物，現在又這樣，叫我要怎麼樣？我怎麼知道我該不該買禮物？我又不會讀心術！」

「你不會讀心術？你不是心理學家？你應該猜得透我的心，你根本不用心了！」，說到這裡老婆大人開始哭起來了：「嗚……嗚，你以前多會猜我的心，我多看了一眼櫥窗的衣服或手錶，過節慶時它就會自動出現，現在連情人節都懶得送東西了！嗚～嗚～嗚～」

偷懶動吃飯吃到一半遭逢巨變，心情已有點浮躁，再加上死不認錯的個性，耐著性子開導老婆大人：「親愛的，若我今天沒問妳要買什麼，或是妳要求我買，我沒買的話，我認錯。但明明妳要我不要買，妳怎麼能怪我呢？再說老夫老妻了，我每天上班很累，有話就明說，不要再玩『猜猜妳的心』了好不好？」。

「你累？我每天服侍你像個老爺，連洗澡都要我幫你洗，你喊累？你有沒有體貼我？這證明你一點都沒用心！連我的心都懶得猜了，可見你根本沒把我放在心上，不愛我了！」

「哪⋯哪有？」

「嗚、嗚、嗚！你還嘴硬！」

戰況的熱度開始逐漸升高，到了高潮時，半空中又開始有不明物體出現，偷懶勳只顧逃命也沒看清楚，只依稀記得大概是飛碟、飛行的杯子還有飛行的煙灰缸⋯⋯。記得那夜最後一個鏡頭是，老婆大人跪在偷懶勳的面前，不，正確的說法應該是，老婆大人跪在躲在床底的偷懶勳前面，拿著掃帚對著床底吼道：「你給我出來！」

第二天清晨偷懶勳從床底下驚醒時（躲在床下竟也睡得著，偷懶勳不禁也佩服自己處變不驚的修養），發現大事不妙，家中突然人去樓空，老婆大人不見了！望著滿地的飛行物體的殘骸，偷懶勳發現了一個大道裡：「戰爭只會引起更大的戰爭！」，所以立刻修了萬言「投降書」一封，直奔老婆大人娘家，並獻上兩支柺杖負荊請罪！

事後偷懶勳雖不敢再與老婆大人爭辯大道裡並苦練讀心術，但內心裡總是覺得很多「希望」還是明說比較好。例如偷懶勳生日時就常常不說，故意要看看誰記得，等到那天晚上發現沒半個人記得他生日，只好自憐地躲在棉被裡偷哭。或是希望父親節有人能記得他這個當爸爸的，卻發現沒人理他。日後老婆大人常常會默默地不出聲，生日、西洋情人節、母親節、七夕情人節、婦女節、結婚紀念日、聖誕節……（天哪！那麼多節日，男人也真命苦），冷眼看著偷懶勳是否自動自發，有所表現。經過這一次教訓後，偷懶勳為了避免黑色情人節的故事重演，痛定思痛，發明了一個「男人偷懶救命絕招」，專門對付這些節日，在此公開給天下苦命的男人，以答謝購買偷懶學之恩，女性同胞為了自身的幸福更是應該踴躍購買！注意了！此「男人偷懶救命絕招」就是：

隨時準備一個禮物藏在家裡

蓋隨時有一個禮物藏在家裡就不怕忘記生日、情人節或結婚周年等恐怖的節日，萬一真的遺忘，只要記得禮物在哪即可。緊要關頭拿出來，不但戲劇效果十足，令老婆大人轉涕為笑，春風化雨、常保平安、閨房和樂、永浴愛河、恩愛異常、多子多孫。但奉勸天下的女性同胞，不要試煉妳的另一半，畢竟讀心術之道行如偷懶勳者，都難免有疏忽的時候，不要奢望他能猜透妳的心，不如明講告訴他自己要什麼，以免造成失望的痛苦，陷入自憐自艾的情緒。當老闆的更是要指令明確，員工才會有正確的方向。人與人之間很多事都明講，就不會有錯誤的期待，有什麼要求盡量說出來，就可以避免無謂的誤會。

故洪子曰：**「不呼就沒有風，不喚就沒有雨，上帝也喜歡聽人禱告！」**

為什麼門清不求三台

話說偷懶勳誕生於夏至正午，夏至是一年之中北半球日照最長的一日，而且又是正午。偷懶勳自幼苦學算命，所以根據自己算命的結果，命屬太陽座的偷懶勳一生必定有如日正當中，發光發熱，照耀宇宙。後來有位知名的明燈大師也替偷懶勳算了一下，他說：「勳兄，你的命確實有如太陽，但出生時已日正當中，飛龍在天，日後的命運也將如太陽，逐漸夕陽西下，亢龍有悔，最後一片黑暗。」

當時偷懶動很不以為然地回答：「一片黑暗，我是太陽自己發光發熱，怎麼會黑暗？」

明燈大師曰：「晚上的太陽再亮，也被地球遮住了，但是你不用擔心，你命中會有貴人相助。」

「貴人？該說是貴犬吧！你說一片黑暗，是不是建議我該養隻拉不拉多導盲犬？」偷懶動越聽越聽不下去，不禁語氣尖酸起來。

明燈大師心平氣和地對偷懶動說：「貴人就是你的明燈，再黑你也不用怕！」

「明燈？遇到你明燈我已天黑了一半！多少錢？」

明燈大師雙手合十道：「善哉！善哉！本來收費批大命流年一萬二，施主既然天黑了一半，就算半價六千好了！」

這下子偷懶動一聽，一邊掏錢一邊唸道：「我看還不是天黑了一半，是全黑了！」

明燈大師一邊數著鈔票一邊道：「全黑半黑都是半價。善哉！善哉！施主有貴人相助，明燈領路，一路雖然坎坷，但總能逢凶化吉！」

國中開始偷懶勳功課不好，被人看不起，又恥於下問，考試又不肯作弊（其實是沒那個狗膽），功課更糟，心情不好，失戀了，也不敢找人訴苦，就在週記裡寫道：「天漸漸地黑了，路逐漸地看不見。」，還記得當時的導師的評語是：「還有手電筒！」

後來高中讀了六年，人生更是黑暗，原因偷懶勳個性孤僻，不喜歡開口求人，考試考不好，不會去求老師。希望同學幫忙也不會去拜託同學，追女孩子更是孤軍奮戰，當然壯烈成仁，至於向洪老聖太爺或聖太母求救就更不可能了！

偷懶勳高中畢業後，大學聯考當然落榜，準備重考時，因生活苦悶，某日與同學飲酒作樂後，無照騎機車兜風發洩。未料偷懶勳因酒後亂飆，再加上騎車技術又實在太爛，在田中小路上突然失控撞向一間荒廢的農舍。只見那農舍的主人似乎早已算準偷懶勳某日會撞上那農舍，因此特地將農舍的四面牆，拆除剩下一面牆，等著偷懶勳來拆。果然偷懶勳好死不死直直撞向那面僅剩的牆。結果在「ㄍㄨㄤ」的一聲巨響後，偷懶勳性能本就不佳的右腿當場骨折。在雪上加霜的情形下，偷懶勳竟動了二次手術，隆重地在床上唧唧哼哼躺了一年多。

偷懶動康復後，右腿雖已痊癒，但經此戰役之後，從此卻與拐杖結下不解之緣，從二條腿變成四條腿。後來大概是因老天垂憐，讓偷懶動勉強考上大學，算是對偷懶動的一種補償。且自此之後，打牌有如神助，動不動就門清一摸三。摸到最後江湖人稱「一摸三」的渾號不脛而走，牌友們聞風色變，紛紛望風而逃。但大二以後，情勢逆轉，開始輸多贏少，因為偷懶動總是堅持門清不求一摸三，否則不胡牌。打到三年級時已成全校最受歡迎的牌友，邀約不斷，但偷懶動依然不為所動，堅持門清一摸三，終於有一天輸到身無分文，又不肯去借錢，只在宿舍喝水度日。偷懶動一瓢飲的日子還撐不到三天，即宣告暈倒，直到同學打電話把洪老聖太爺請來，才將偷懶動救醒。

住院期間明燈大師特地帶了兩顆蘋果前來探望，大師開口就開始說教：「門清不求一摸三，為什麼算三台，那麼多台?因為機率低，不容易，打牌能吃就吃，要碰就碰，是四個人打牌，又不是一個人打牌!門清不求還自摸，就是一個人打牌，完全靠自己。什麼都自己來是很傷的，有三個貴人在一起打牌，為何不靠他們幫助而胡牌呢？」

偷懶勳躺在床上，有氣無力地答道：「我的外號叫什麼？」

「一摸三啊，但請問打牌的目的是什麼？」

「好玩，想贏錢！」

「輸錢好不好玩？」

「廢話！當然不好玩！」

「好玩重要還是贏錢重要？」

「贏錢！」

「那只靠一摸三能幫你贏錢嗎？人是一種群體的動物，凡事都要靠別人，打牌也不例外！你看看，沒錢還硬撐，不求人的結果，最後還不是要求人，還浪費了醫藥費，又害關心你的人擔心，得不償失啊！」

「打牌就打牌，哪有那麼多的人生大道理？」偷懶勳沒好氣的說。

明燈大師合十道：「善哉！善哉！打牌顯示一個人對人生的態度，你這種農夫樹下守株待兔的方式，只會等天上掉下來的禮物，要天掉禮物下來，也要站在離天比較近的地方開口求啊！更何況求天不如求己，求己不如求人，天助不如自助，自助不如人助！」

偷懶動嘆了一口氣道：「可是，我不喜歡求人啊！看人臉色多痛苦！」

「教主大人，你不是提倡快樂教嗎？別人幫你把事情都處理好比較快樂？還是凡事自己來比較快樂？」

「當然是有人幫你才輕鬆愉快！」

「那就開口求啊！」

「假如被拒絕呢？」

「日本有一則報導不知道你看過沒有，標題是『靠嘴巴周遊日本的口足畫家』，這個女孩子天生沒有雙手，卻有一個心願就是遊遍日本，等她存夠錢時，就出發了。當時很多人想要陪她去照顧她，她卻堅持獨自旅行。後來記者採訪她，問她沒有手如何買車票？她說很簡單，把錢包掛在脖子上，拜託車站的旅客幫她買。記者再問假如被人拒絕呢？她說那就請另一個旅客幫她買，車站的人那麼多，總有人願意幫她買。記者又問那妳如何買飯？她說一樣請人幫忙啊，總會有人願意幫忙。「那吃飯呢？」，那女孩還是很平靜的說順便請買飯的人餵她就好了。記者後來又問了一些如何克服旅行中的不便之處，她都回答靠一張嘴，請人幫忙！甚至她在旅途中曾遇到了一個搶劫犯，趁她拜託他幫忙時把錢搶走了，日本的輿論界嘩然，大聲譴責這個搶劫犯。她卻說那搶匪可能比她更需要錢，能幫忙他解決困難也算一件好事。記者又問被搶後會不會怕，還要繼續嗎？她說了一句很經典的話：『我之所以敢獨自旅行，是憑藉著對人類的信心，我相信世界上的好人占大多數，他們都樂於助人，都是我的貴人，都是我的天使，有這麼多天使保護我，我相信這趟旅行一定沒問題！』，就這樣她達成她生平的心願！」

偷懶勳立刻鼓掌說：「太感人了！既然大師帶了蘋果來，是不是能順便削一下，餵小弟吃！」

「你雖然不是口足畫家，但我是天使，也罷，就幫你服務吧！」，大師接著又雙手合十道：「助人為快樂之本。善哉！善哉！」。

日後偷懶勳雖然開始會拜託別人，也不再堅持門清不求一摸三，人生逐漸光明起來。但開車時找不到路，繞來繞去卻仍不肯問路，為此常常被老婆大人糾正：「路在哪裡？路就在嘴巴裡！你不會問路啊？」，偷懶動常常自以為幽默地回答：「沒關係油還很多！」沒想到老婆大人沒有幽默感，大罵偷懶動連問個路都要偷懶，結果浪費時間，浪費油錢，簡直是標準的白癡偷懶王！最後使出殺手鐧，威脅要跳車，偷懶動才心不甘情不願地問路。

經過老婆大人與明燈大師日積月累的薰陶後，偷懶動偷懶神功終於突飛猛進，也發現很多人都有上帝症候群，都有拯救世人的癮頭，偷懶動利用殘障者的身分，只要肯開口，肯求人，絕大多數人都樂意幫忙！很多人都問：「貴人在哪裡？」，洪子曰：「貴人就住在你的嘴裡！張開嘴，貴人就出現了！」

光會呼風喚雨是亂槍打鳥，雖然鳥偶而也有中彈的時候，但自己也可能先中彈。要呼風，風就來，要喚雨，雨就下，有一個重要的前提，那就是看倌們先要練成勾魂攝魄，呼風喚雨才會百發百中。試問練到這種境界，是不是萬物皆為所用？人生前途光明?!

偷懶神功第六招

「騰雲駕霧」——飛行的秘訣

出入自得

你才能飛

愛女偷懶徽

吾友偷懶動從小最愛的人就是自己，長大後還是，結婚後也沒改變，但大女兒偷懶徽出生後，偷懶動覺得生命中的最愛已經改變了。一開始偷懶動認為這是自然的現象，因為愛是往下傾的，二女兒出生後偷懶動也認為他的愛是公平的，直到偷懶動拋家棄子到美國唸碩士時才發現情況有問題。偷懶動三天二頭就夢到偷懶徽，夢中還常常笑醒或驚醒，一兩個星期才夢到二女兒一次，不會笑醒或驚醒，至於老婆大人大概三個月才夢到一次，這時偷懶動才知道他的心是偏的。

偷懶徽從小就是偷懶勳的驕傲，說到她，偷懶勳就眉飛色舞。偷懶勳最愛的是偷懶徽，偷懶徽的最愛也是偷懶勳，第一句會說的話不是媽媽，而是爸爸，彼此都把對方排在心目中的第一位。家中所有的人都認為偷懶勳偏心偏得太過分，連偷懶勳的外甥女郭博士都看不過去說：「舅舅你好偏心哦！哪有兩姐妹做壞事，有老大時就通通原諒，只有老二犯錯時就嚴加處罰的道理？」，偷懶勳即刻反駁：「第一我身為老師是教育家，第二我是心理學家，老大生性畏縮膽怯要多鼓勵，老二則外向好動，任性妄為必須多加抑制！」

如今回想起來偷懶勳只有在偷懶徽國一時，打過她一次手心。那次偷懶徽成績單居然出現不及格的科目，老婆大人要偷懶勳好好的管教，連牌尺都遞給了偷懶勳，要偷懶勳打三下，偷懶勳在老婆大人的監視下無懶可偷，只得照打，打完後，偷懶徽還熟練的對偷懶勳一鞠躬說了句類似感謝教誨的話，偷懶徽一轉身，偷懶勳就老淚縱橫了。自古英雄有淚不輕彈，偷懶勳會落淚的原因不是怕打疼了偷懶徽，而是發現偷懶勳心愛的偷懶徽竟能很熟練的處理她被打的狀況，可見偷懶徽在學校一定常常被老師虐待。一想到這裡偷懶勳就想到偷懶徽入學時學校要家長簽的體罰同意書，偷懶勳並不反對體罰，因為我們都是這樣長大的，但這時再也忍不住，直奔學校要回了體罰同意書。

記得偷懶徽三歲的時候，第一個認識的歌手就是郭富城，她會要求偷懶勳買有郭富城封面的雜誌給她，偷懶勳看見偷懶徽如此著迷郭富城不禁問了一句話：「以後妳有錢的話要給誰？」

「郭富城！」偷懶徽毫不猶豫的回答。

偷懶勳深吸了一口氣告訴她：「郭富城很有錢，他的錢已經夠用了，有錢要給鱉鱉才對！」

「不要！我要給郭富城！」

「不行！要給鱉鱉！」

「不要！」

「要！」偷懶勳仍堅持。

「哇！」一聲，偷懶徽就施出了「先天神功」，哭出來了：「哇！哇！人家要給郭富城嘛！」

這時偷懶動見到梨花帶雨的偷懶徽心都碎了，連忙回答：「好！好！好！給郭富城！鰲鰲是和妳開玩笑的！妳以後有錢通通給郭富城好不好？」。這時偷懶徽才停住眼淚，繼續翻她的郭富城雜誌，看著偷懶徽專注的看著郭富城的圖片，偷懶動想起了巴爾札克 Honoré de Balzac 的高老頭 Le Père Goriot，腦中浮起高老頭晚景淒涼的畫面。

偷懶徽一天一天的長大，偷懶動事業繁重，沒事瞎忙，雖閒暇時不多，但有機會則親自督導，凡舉課業、交友、思想、生活偷懶動無不介入，希望介入偷懶徽的世界，藉著偷懶動豐富的人生經驗幫自己的心肝寶貝偷點懶，讓她的路走得平順一點。無奈偷懶徽的吸星大法只有第一層「不知不覺」的功力，偷懶動介入偷懶徽的世界，奮力醍醐灌頂灌了半天，只見偷懶徽依然我行我素，絲毫不為所動，最後完全拒絕灌頂，開始與偷懶動漸行漸遠。偷懶動發現漸行漸遠時更是拼命的灌，努力灌的結果當然是更行更遠。終於有一天女兒長大了，為了避免偷懶動灌頂灌得太努力，早早嫁了人離開偷懶動。在她婚禮後偷懶動獨自一人駕車到高屏溪邊，望著黃昏的落日，才警覺到偷懶徽最親近的人早就變成她老公，偷懶動已經進不去偷懶徽的世界了！霎時偷懶動突然體會到崔顥的「日暮鄉關何處是？煙波江上使人愁！」，心裡隱隱的酸痛，這世上已經沒有人把偷懶動排名在心目中的第一了，偷懶動只剩下了自己，一陣陣茫然的空虛感湧上了心頭，千年孤寂的黑暗籠罩了四邊。霎時，偷懶動突然了解了某些人為什麼喜歡養狗，因為狗永遠會把它的主人擺在第一，人活著常常是因為被人需要，當沒人需要你時，有隻狗需要你也不錯！

偷懶動正打算開始養狗時，內心浮起了赫曼赫塞（Hermann Hesse）「流浪者之歌」（Siddhartha）的一個場景，被兒子拋棄的悉達塔，倒在城門口，無助的哭泣。

悉達塔是一個偉大的修行者，中年後與自己年幼的兒子相逢，他想要進入孩子的世界引導孩子走入自己的世界，但是孩子逐漸長大，根本進不去。最後孩子離開了他奔向繁華城市，悉達塔被巨大的悲傷、一個父親角色的悲傷所擊倒，這個角色的悲傷壓得悉達塔倒在城門口無助的哭泣，哭泣後悉達塔終於離開了父親的角色，也放下了父親的角色，回到河邊繼續修行。

「出入自得」的最大障礙在於你想要進入別人的角色，進不去也出不來，咬牙切齒、怨懟責怪、甚至惱恨。提倡賽斯的許添盛醫師說了一句很好的話「我做我自己，你，留給你自己做！」。上帝只允許你扮演自己的角色，你不能進入別人的身體扮演他人的角色，很多人都看不開，無法「出入自得」。很多人在角色扮演的遊戲中投入得太深，進不去也出不來，卡死在那裡，這時自然會有悲劇的誕生。

佛云：「苦海無邊回頭是岸。」，要眾生通通「出」而非「入」，通通回頭，通通上岸，似乎是這個問題的解答。可是腳不泡水，都在岸上的人生，不入不出，這是人生嗎？

故洪子曰：「**人生的樂趣就是在苦海中浮沉**，在苦海與岸上的轉換能力，而能在苦海浮沉，且又能享受樂趣的基本功就是轉換的能力『**出入自得**』！！」

有人聽見洪子又出來放屁了，十分的不爽，不禁反問道：「出入自得莊子的庖丁解牛中早就有了，問題是怎麼出？怎麼入？」

當諸葛亮六出祁山時，也有人問：「你真的認為你能光復漢室，打敗魏國？」

諸葛亮回答了六個字：「盡人事、聽天命！」

諸葛孔明這六個字一語道盡了人生中「出入自得」的智慧，入時盡人事，出時聽天命！故洪子曰：「出入自得是騰雲駕霧的基本功夫，出入自得，你才能飛！」

騰雲駕霧這招共有兩式

第一式：「三件事」

讀小學最快樂的一天

日本福島發生海嘯事件後，偷懶動開始不敢偷懶，先去買了個緊急災難包，裡面有礦泉水、手電筒、乾糧、毛毯、收音機等，放在車上。後來想一想，家中與辦公室也各放了一個。家中屋頂藏著一艘橡皮艇，後車廂也放了一艘，正打算率領全家再去搶購碘片、防輻射衣與補給品時，老婆大人終於發聲了：「家裡需不需要挖個游泳池儲存清水？要不要搬到一〇一頂樓？海還沒有嘯，我就快被你笑死了！」

小時候，有一天，天空萬里無雲，偷懶動正要上學時，洪老聖太爺突然要偷懶動帶雨傘，偷懶動心不甘、情不願的答道：「又沒下雨帶什麼傘！」，洪老聖太爺回答：「盛竹如（氣象報告）說的！」。結果那天放學時開始下大雨，全班只有英明的偷懶勳帶傘，連老師都沒有。偷懶勳記得一向都看不起偷懶勳的同學們當時露出了尊敬的神情，在全班羨慕與敬佩的目光下，偷懶勳飄飄然的撐著傘離開了學校，留下了那些在走廊苦等雨停，歸心似箭的師生們。到家後偷懶勳毫不猶豫的在日記上寫下：「今天是我讀小學最快樂的一天！」

從此偷懶勳每天都穿雨鞋帶雨傘上學，為的是享受下雨時大家那種對他先知先覺的崇拜，可是隨著天氣的好轉，對偷懶勳投以異樣的眼光越來越多，甚至變成了同情的眼光，讓偷懶勳在小學的時代就上了「先知總是孤寂的」這一課。老師約談了洪老聖太爺告訴他偷懶勳極可能由「身障者」的地位晉升到「身心障礙者」的地位之後，當天晚上洪老聖太爺臉色凝重地和偷懶勳舉辦了床頭故事時間，當晚的主題是「杞人憂天」。偷懶勳聽了故事後眼睛閃著光芒：「假如天真的塌下來，杞人不就成了先知！」

洪老聖太爺道：「第一：大部分的狀況會是：天還沒塌下之前杞人就已經先死了，死時大家也只能稱呼他瘋子，因為天並沒有塌。第二：就算天塌下來，只剩下死去的先知和一大堆不知道你已經變成先知的死人！小勳啊，老天的事就交給老天去處理吧！就算杞人預測到天會塌下來，他又能如何？不要去擔心超越自己能力所及的事，上帝的事留給上帝去做吧！還有老師說你每天穿雨鞋帶雨傘去上學？你可以不要那麼擔心老天會不會下雨嗎？」

「不行！萬一下雨的話，我不就失去了證明我是對的機會！」

「萬一？一萬分之一，為了當一天的聰明人需要當九千九百九十九天的白癡嗎？」

「可是……」

「我看這樣，以後盛竹如說要下雨你再帶傘吧！老天下不下雨就交給他，若沒下雨你可以說是他報錯的，若下雨的話你不就成為先知了？」

偷懶勳一聽心花怒放，立刻聽從了洪老聖太爺的指示，從此「先知勳」的外號不脛而走。

三件事的第一件事叫做，老天爺的事。

上帝症候群

吾友敏雄兄自幼英明神武、博學多聞，二十幾歲以名校的法學碩士留美歸來，隨即擔任了上市銀行的董監事、大學教師，更創立了幾家公司，才不到三十歲年收入至少已有五百萬以上。當時的銀行約有五、六十家分行，正值台股上萬點，經濟活絡，四處都有人想貸款創業。敏雄兄年少英雄，性好結交，古道熱腸，又有正義感，自然門庭若市，車水馬龍，賓客絡繹不絕。敏雄兄行俠仗義，各方英雄好漢前來投奔，告貸求助者比比皆是。敏雄兄少年得志，因此指揮若定，兩肋插刀，江湖人稱「小旋風」。（註：水滸傳小旋風柴進）。

有一天敏雄兄做了一個夢，特別派了兩個嘍囉前來恭請洪大心理學家偷懶動解夢。夢的內容是敏雄兄夢到自己因喝了耶穌的寶血，於是能在天空飛翔，能量指數破表。夢境中正當敏雄兄飛過一個墓園，見到墳墓裡全是一個個可憐的靈魂，可憐巴巴地露出祈求的眼光看著敏雄兄。敏雄兄立即豪邁的用右手向下一揮，對著正下方的眾墳喊道：「哈利路亞！」，只見墳墓中那些死屍歡天喜地從墳墓中爬了出來，一一復活。接著敏雄兄繼續飛翔又經過的幾個墓園，也依樣畫葫蘆使得墳墓中的人逐一復活。敏雄兄意興風發在天空中左一指、右一指，頓時整個山頭活了起來，所有活過來的人都對敏雄兄合掌跪拜。敏雄兄正顧盼自雄時，突然發現自己所擁有的耶穌寶血已所剩無幾，自己已漸漸飛不起來，能量表直線下降，越飛越低，眼看著要撞上山頭，敏雄兄鼓起剩下一點殘存的能量，硬撐著勉強飛越了山頭，一過山頭再也撐不住，一陣灰頭土臉，即刻緊急迫降、硬著陸，而夢境就在此刻結束，敏雄兄也跟著驚醒了過來，心中悵然若失。

敏雄兄希望偷懶動對此夢做出解析，偷懶動毫不考慮寫了八個字「蔣公再世、救主降臨」，但敏雄兄自己卻也寫了八個字「飛龍在天、亢龍有悔」。此乃敏雄兄自知自己往往因急公好義，而來者不拒，借錢、借票及請託擔保者有如過江之鯽、綿延不絕。尤其是借票者特多，這主要自然是因為上市銀行董監事所開出的本行支票會被視為是鐵票。豈料敏雄兄雖然樂善好施，但畢竟少年得志，人生歷練不足。後來果不出其然，眾英雄好漢因向敏雄兄借錢或借票而開給他的支票均逐一跳票，而為人擔保的事也如保齡球般的strike或是spare幾乎全數倒閉逃亡。最後敏雄兄只得痛定思痛，決心遠赴他鄉遠離損友、韜光養晦。

事隔多時後，偷懶動某日前往敏雄兄修身養性的風水寶地探望時，二人又談到了這個夢，只見敏雄兄嘆道：「夢境中最後為什麼會不得不緊急迫降？搞得灰頭土臉？因為我將耶穌寶血的能量都用在別人身上，管了太多別人的事，甚至還管到死人，撈過界撈得太過離譜，**別人的事就應該交給別人去處理吧！**」。從此敏雄兄只管好自己的事，不再以耶穌基督的博愛精神自居，先救自己而後再老吾老以及人之老，幼吾幼以及人之幼，終身不再死吾死以及人之死。最後終於練成滴水不漏、密不透風的神功而功成名就，受萬民所敬仰！

水滸傳裡英雄好漢如宋江、晁蓋、魯智深……等，為什麼要造反，讀者不難了解。但其中有一個很特殊的人物叫柴進，柴進生活的好好的，有錢、有勢、有地位、樂善好施、受人尊敬，為何還要一頭栽入造反革命的行列？答案是他不以當小善人樂善好施為滿足，他要當超級大善人，他要救國救民拯救天下蒼生。這就是古往今來政治、學運狂熱者的根源——「上帝症候群」。

所謂「上帝症候群」是指人們在人生中「角色扮演」遊戲裡，最喜歡扮演的角色就是「上帝」。但是「上帝」有真上帝與假上帝，耶穌、如來、孫中山、南丁格爾、史懷哲……等是真上帝，但有很多自認為是上帝的人想做真上帝的事，不斷把重擔往自己身上背，先天下之憂而憂，後天下之樂而樂，最後上帝的「上」字還沒有一橫，「overloading」（超載）的紅燈就已狂閃，最後自是因負荷過重、造成土崩瓦解、悲劇誕生，終歸還是笑話一則。

「上帝的事交給上帝處理」這是洪老聖太爺的諄諄教誨，「別人的事就交給別人去處理」這是敏雄兄的箴言。敏雄兄在多年後曾寄了一封E-mail給偷懶勳，內容大概是這樣：「**人生只有三件事，老天的事，自己的事，別人的事。別管老天爺的事，也不要管太多別人的事，先真正管好自己的事就行了！**」。敏雄兄又說：「我發現管好自己的事就是對社會最好的貢獻，因為我信上帝卻也知道自己不是上帝，了解了這一點後，人生將不再有悲劇的誕生，更不會變成笑話一則！」。其實敏雄兄如此簡單的邏輯，無數人卻花上了一輩子的時間還無法真正理解，使悲劇不斷的重複發生，甚至還至死不渝！

為了避免悲劇誕生、人生變成笑話一則，偷懶勳從此努力遵從敏雄兄的指示，將人生劃出兩條橫線，分成了三等分，一，老天的事、二，自己的事、三，別人的事，然後開始大偷其懶，不管老天的事，也不管別人的事，只管自己的事！結果任督二脈的任脈大通特通，人生的重擔一下子只剩三分之一，偷懶神功突飛猛進，人生竟然有些令人飄飄然起來。

第二式：「三天」人生只有三天

昨天　不要回頭

上帝警告亞伯拉罕（Abraham）的侄兒羅德（Lot）一家人離開所多瑪（Sodom）時，不論發生任何事都不可以回頭。黑夜中羅德帶領家人爬到山頂時，天空突然傳出巨響，背後的城市被天降的硫磺大火吞噬，火光照亮了整個夜空，羅德的老婆忍不住回頭看了一眼，結果當場變成一根鹽柱，永遠凍結在那裡。

對於過去，你可以回憶，但是不可以回頭。生命的不可逆性在精子與卵子結合的那一刻就已經開始，再也不可能回去。受精卵只會成長，然後變成嬰兒，呱呱落地，嬰兒一旦出生，就再也無法回到母體。

記得二女兒偷懶裹剛出生，醫生剪完臍帶把她交給偷懶勳時，她就不哭了。她躺在懷中睜著烏溜溜的眼睛看著偷懶勳，把她放回嬰兒床時，她竟然伸出雙手還要偷懶勳抱，偷懶勳當場嚇到了，才出生就知道要人抱，簡直是太可怕了！果然偷懶裹長大後非池中物，成就非凡！

沒有被抱過的嬰兒，不抱沒關係，但是被抱過的嬰兒會哭鬧著要求你抱它，因為在這過程中生命已添加了新元素，已經不可逆了。

根據佛洛伊德（Sigmund Freud）學派，人都有回到母體的渴望，但是實際上卻是當然不可能的，這就是人們焦慮的根本來源之一。很多人都想回到過去，卻不了解「過去」已經不存在了。諾貝爾獎（Nobel prize）得主，顏生（Jonannes V Jensen）在「消失的森林中」（The lost forest）提到的主角從非洲被人抓到美國，每當他被凌虐奴役的時候，他就想起故鄉海岸的森林，希望有一天能再度回去。後來黑奴解放，他存了一點錢，終於回到故鄉的海邊，卻發現森林已經消失了，這就是真實的人生！

有一個婦人去山裡面拜訪大師，想尋求解決痛苦之道。

大師問：「妳為什麼那麼痛苦？」

婦人回答：「因為丈夫死了。」

大師問：「死了幾年？」

婦人說：「三年。」

大師說：「那結婚前呢？妳認識妳丈夫嗎？」

「不認識，我只是一個無憂無慮的少女。」

大師說：「把那個無憂無慮的少女找回來吧！回到沒結婚前的那個少女就可以了。」

婦人千恩萬謝地離開，臉上彷彿現出光采，但三年後婦人卻自殺了。有些人或許會問為什麼？答案其實很簡單，那就是找不回來，也回不去了！她的丈夫在她的身上已產生化學變化，已經成為她身上的一部分，無法分割也沒有辦法回到從前。生命旅程中的點點滴滴，使她再也沒有辦法踏上回頭的路！

李奧納多（Leonardo DiCaprio）主演的「大亨小傳」（The Great Gatsby），有一句話觸動了很多人的心，「奮力地像小舟逆流而上，卻無法抵抗潮流的衝擊，一步步地，逐漸遠離過去。」。主角希望能回到他與女友過去的快樂時光，努力賺錢，變成了大亨，買下了女友家對岸的豪宅，每天隔著湖，在暮色蒼茫的夜晚凝望著女友家旁碼頭的綠光，閃爍的綠光發出了耀眼的光芒，好像象徵著他們幸福的未來。他相信金錢能讓他奪回所愛，堅信可以回到過去，然而卻敵不過既定的命運，最後對岸碼頭的綠光仍然閃爍，但卻已失去光芒！

昨天已經消失，你必須向過去告別，告別過去，你才能夠活在現在，向過去告別的能力，是一種必要的生存能力，因為已經沒有過去了！

在凱文科斯納（Kevin Costner）主演的「瓶中信」（Message in a bottle）裡，女主角最後的一段獨白很感人，「人生是一場不斷『失去』的旅程，它使得我們更懂得珍惜現在所擁有的！」

杯子滿了，無法再裝水，正如「瓶中信」的男主角沉浸在喪妻之痛中無法自拔。所以我們必須不斷地把杯子倒空，才能引進生命的活水！過去已經過去了、失去了，無論是好是壞，都不要再回頭試圖進入過去，因為回頭將會變成鹽柱，唯有向前，珍惜現在！

珍惜現在遠勝於回到過去，因為我們只有現在！

明天　死神的約會

吾友偷懶動有一次病得十分嚴重，夢見死神對他說只剩三天能活，偷懶動嚇得出了一身冷汗，連忙爬起來交代後事，與親友道別，忙碌得不得了。轉眼間三天過去了，偷懶動竟然沒死，病也好了，偷懶動十分生氣的去找死神理論，質問死神為何騙他？

死神哈哈大笑，說道：「笨蛋！這麼簡單的答案也不會，不管你們人類誰來問我能活幾天，我都會答只有三天！昨天、今天、明天！有誰可以超過這三天？」

偷懶動一時啞口無言，氣得說不出話來，好不容易才對死神頂了一句：「你怎麼不去死一死！」

沒想到死神突然掐住偷懶動的脖子大叫：「沒有人，沒有人能對死神不尊敬！對死神不敬者，死！」

偷懶勳被掐得雙眼翻白，口吐白沫，連忙做出一個「暫停」的手勢，死神才總算鬆了手道：「基於人道的立場，我給你說幾句遺言。」

偷懶勳邊咳邊喘還一邊摸著脖子道：「基於人道立場，我能不能有一個死前的請求？」

死神面無表情的道：「說吧！」

偷懶勳喘著氣說：「基於人道立場，能不能讓我交代一下後事，明天一早我就慷慨赴義？」

死神冷笑了兩聲：「貪生怕死之徒，諒你也逃不出我的手掌心，基於人道立場，明天一早我再來取你狗命！」

第二天一早，咚！咚！咚！偷懶勳聽到死神來敲門，「走吧！」死神在門外喊道。

「去哪裡？」偷懶勳睡眼惺忪的問。

「時候到了，今天已經到了，你昨天不是說明天一早就要慷慨赴義嗎？」

「沒錯，但時間還沒到！」

「碰！」一聲門被撞開，死神在怒吼中衝了進來：「什麼時間還沒到，我帶的手錶是鐵力士的表哥勞力士，不會出錯，你跟我走！」

「慢著！基於人道立場，身為尊貴的死神說話要算話！」偷懶勳慢條斯理的說。

「本神說話什麼時候不算話？」怕時間搞錯，死神又看了一下他高貴的勞力士錶。

「請問現在是今天，還是明天？」

「現在當然是今天！」

「那你明天再來吧！」

「我XX你個××！##**◎◎××……」

「算你行！山不轉路轉，老子總有一天等到你！」死神怒氣沖沖，話一說完就「碰！」的一聲，將門一甩後飄然而去。

「死神先生！順便幫你上一課，人生沒有三天，只有一天，那就是今天！」

據說到現在死神還看著他高貴的勞力士錶，等著明天一早去抓偷懶勳。

※　※　※　※

昨天已經消失，再也找不回來，你不能活在昨天，更不能改變昨天，活在昨天絕對是笑話一則，悲劇一齣。明天更是遙遠，連死神都不能活在明天，明天是上蒼可憐我們人類，賜給我們的一道彩虹，明天永遠是明天。**人生命中的確只有三天，昨天、今天、明天，但是你只能活在今天！**

要如何在輪迴的苦海中出入自得呢？如何停止悲劇的人生呢？如何防止歷史重演呢？唯有改變！現在改變！「現在」是上帝在茫茫苦海中賜給我們唯一的一把鑰匙，只有它能打開過去與未來，打開輪迴的宿命，改變輪迴，創造未來！過去與未來屬於魔鬼，只有「現在」才有上帝的光環庇護，你要活在過去？未來？還是現在？

你現在所做的事，已經同時發生於未來

——愛因斯坦

九一神功

話說偷懶動遵照死神的指示，在生命中再加上兩條直線，畫分成三等分，昨天、今天、明天，再加上原來敏雄兄教導橫的兩條線再加三等份，老天的事、自己的事和別人的事，偷懶動的生命就成了「井」字型，一共九等份。以下是「騰雲駕霧」的圖解，各位看倌看仔細了：

昨天 老天的事	昨天 自己的事	昨天 別人的事
今天 老天的事	今天 自己的事	今天 別人的事
明天 老天的事	明天 自己的事	明天 別人的事

管他是老天爺、別人甚至自己的事，只要不是今天的事偷懶動都通通不管。管它

是昨天、今天、明天只要不是自己的事全不管，也管不了！偷懶勳只管**「今天」而且是「自己」的事！**因為當偷懶勳明白了自己不是上帝，也沒有上帝的能耐時，瞬間任督二脈全通，全身輕飄飄起來，一下子就學會了「騰雲駕霧」這招。

有人問為什麼這招叫「騰雲駕霧」？

洪子曰：「人生的重擔一下子只剩九分之一，九分之八全沒了，請問你還站在地面上嗎？有沒有騰雲駕霧快樂似神仙的感覺？」

此等神功輕輕鬆鬆偷走人生九分之八的懶，請問世界上有比這更便宜的事嗎？單單這招各位看倌就不枉買了這本偷懶學，各位看倌學成騰雲駕霧，飛天逐日之餘，是否也該拼命鼓勵親朋好友踴躍搶購這本「偷懶學」的曠世巨著呢？

快樂教前傳

話說吾友偷懶勳當快樂教教主之前，有一天在山上禱告時遇見了上帝，上帝看見偷懶勳年輕有為，年紀輕輕就努力偷懶，悟出「人生的終極目的就是活得快樂」這麼偉大的道理，雖然偷懶常常讓偷懶勳偷得頭破血流，但精神可嘉，因而十分讚許，所以賜給偷懶勳一個願望。偷懶勳自幼偷懶成性，一天到晚就等著不勞而獲，等著神仙給他許願，雖然上帝只能恩賜一個願望，但「三個願望」的故事偷懶勳從小背得滾瓜爛熟，熟能生巧，立刻把三個願望壓縮成一個願望，毫不考慮說出了準備多年，一生都在期待的願望：「我希望一生中所有的日子都幸福快樂！」

上帝回答說：「可以，但我所安排的世界是人類都必須歷經生老病死，酸甜苦辣，才能茁壯、成長，這是必經之路。所以如果你堅持你的願望，我就只能把你變成白癡，每天都過著幸福快樂的日子，不過我倒是可以特別賜給你四天的幸福快樂。」

偷懶勳一聽上帝要把他變成白癡才能天天快樂，不禁毛骨悚然。還好平日時常有上網練過，飽讀「願望百科全書」，所以稍為思考了一下後就回答：「那就春天、夏天、秋天、冬天四天吧！」

這時上帝一聽到偷懶勳的答案如此精闢，立刻反悔說：「不行！太多了！我是說只有三天！」

偷懶勳為了這個願望耗盡了一生的追求，什麼都偷懶，就是研究「三個願望」的故事沒有偷懶，心想上帝雖然耍賴，但偷懶勳因為有死神對他「三天」教導的前車之鑑，也不敢與上帝計較，於是說：「三天？那就昨天、今天、明天吧！」

沒想到上帝又板起臉來反悔道：「不是三天，只有兩天！」

偷懶動十分生氣，雖然很想效法傑克倫敦的「海狼」中的船長或是「倚天屠龍記」中的謝遜咒罵上帝，但為了這寶貴的願望，等了一生的願望，又不敢得罪上帝，只好再度退讓：「親愛的上帝，如果你堅持只能給兩天的話，那就下雨天和沒下雨的天都快樂吧！」。

這時上帝發現偷懶動竟然來這招，就開始發揮無賴的本性：「不、、不是兩天，我是說只有一天！」

偷懶動沒想到上帝竟是無賴出身，小氣到這種地步，但偷懶動苦等了數十年，就是等這一刻，更何況偷懶動本身也是個無賴，也就耍起無賴的本性笑道：「那就天天吧！」

沒想到上帝也笑了，竟不疾不徐的說：「天天有兩個天！」

偷懶動愣了一下，答道：「那就每天！」

上帝又笑了，笑道：「哈！你再繼續賴皮吧，每天有很多天！」

此時偷懶勳突然靈光一閃，大笑說：「那就今天吧！在我的人生中只要今天幸福快樂！」

偷懶勳話才一說完，登時天門大開，仙樂大作，上帝微笑點了點頭，花朵從四面八方飄來，諸天神佛都出來迎接偷懶勳。昨天曾是今天，明天也將成今天，吾友偷懶勳終於修成正果，榮登快樂教教主寶座，終生快樂享用不盡。

其實上帝當時若再考偷懶勳一題「今天快樂的方法」，偷懶勳也回答不出來，偷懶勳又活了好幾年才找到「今天快樂的方法」，真正修成正果，看倌們請聽下回分解！

偷懶神功第七招
毀天滅地

天上天下唯我獨尊
毀天滅地
白痴偷懶王之救命絕招

快樂教

話說吾友偷懶勳在高中時代，可謂是十分的英明神武，創立了快樂教，並自命教主。宣導人生的終極目的——追求快樂，並倡導不管未來如何，只要現在快樂最重要，結果短短的三年高中讀了六年畢業，然後喝醉酒撞斷腿，開刀開了好幾次，石膏打到胸部，連坐都坐不起來還要別人把屎把尿，躺在床上一年，簡直是有如置身於人間仙境，慘狀不堪回首。石膏拆掉後，拐杖正式加入偷懶勳的新生命，又在補習班混了二年，終於吊車尾上了大學。

但偷懶勳死性不改，明明是念文學院，卻努力發揮白痴偷懶王的精神，幾乎把文學院當成是醫學院在念，硬是整整讀了六年，才勉強畢業。這種輝煌耀眼的紀錄可謂是一部前無古人、後無來者的辛酸血淚史。這些年中，除了偷懶勳的父母、老師看起來好像都得了白內障似的，看不見偷懶勳外，連偷懶勳朋友、同學也得了白內障。女朋友在偷懶勳第二次參加聯考落榜之後，考上台大考古系，也得了白內障，情願理死人也不理偷懶勳。所以最後才會出現由高中讀到大學畢業，竟總共花了十五年光陰的豐功偉績，堪稱是白癡偷懶王的最佳典範！這段時間偷懶勳嘗盡了當白癡偷懶王的苦果，看盡了人世間的白眼，也聽盡了人生中的冷嘲熱諷，至今竟還能沒有自我消失，實在是厚臉皮至極，人間十大奇蹟之一！

為什麼偷懶勳臉皮能練到厚如城牆這種無人能敵的境界呢？這要歸功於一位好友，一位天使級的好友的幫忙。這位朋友雖然是很多人的天敵，卻是偷懶勳最好的朋友。只要你把他當成朋友，他就能幫你打通任督二脈，進而練成偷懶神功第七招「天上天下唯我獨尊」！偷懶勳在高中時代就曾寫了一首詩歌頌他，在此特別不吝與各位看倌分享。

死神天使

死神是我最要好的朋友
出生開始，祂就緊密地站在我身邊
時時刻刻守護著我
連我的父母、妻兒也比不上

小時候，我功課不好又很笨
老師、同學欺負我
祂在我耳邊輕輕說
不要怕，站起來吧
真的受不了的時候，可以讓我抱你

年輕時，我一而再、再而三失戀
沒有一個女人愛我
祂微笑著對我說
不要怕，繼續努力吧
真的受不了的時候，你可以靠我肩上

中年時，我事業失敗破產了
債主上門，妻子離開了我
祂凝視著我對我說
不要怕，面對現實吧
真的受不了的時候，我可以拉你一把

老年時，我躺在病床上
全身都是疼痛

祂親切地告訴我
不要怕，再忍耐一下
真的受不了的時候，我就帶你回家

死神是我最要好的朋友
出生開始，祂就緊密地站在我身邊
從來沒有離開半步
隨時準備伸出祂最溫暖的雙手
來擁抱我最大的痛苦

誰是世界上最偉大的人？

當吾友偷懶動洪教主大人大力倡導快樂教時，許多親朋好友認為洪教主是邪魔外道、異道邪說，根本不相信洪教主所提倡的仙福永享、壽與天齊之類的鬼道理，紛紛爭相逃亡，避之唯恐不及，跑得慢一點的還可能被踏死。所以洪教主猶如黑夜中的一顆孤星，獨自散發著孤獨的光芒，直到快樂教的第二位教主啟瑞兄出現。

啟瑞兄本來是個只懂得啃課本的書呆子兼鄉下土包子，沒讀過什麼尼采（Friedrich Wilheim Nietzsche）、叔本華（Arthur Schopenhauer）、杜斯托也夫斯基（Fyodor Mikhailovich Dostoyevsky）或卡夫卡（Franz Kafka）的書，簡單的說是一個生活在海底的人，世界長成什麼樣子都不知道，直到有一天遇到了英明的洪教主。在洪教主循循善誘、加持灌頂之下，啟瑞兄終於見到了水面上的世界與蔚藍的天空。洪教主為了光大快樂教，保住唯一的聽眾與信徒，故嚴加攏絡巴結啟瑞兄，任命啟瑞兄為快樂教副教主，並常常來上一段「查拉圖如是說」，問啟瑞兄一些奇奇怪怪的問題，唬得啟瑞兄一愣一愣，然後再得意洋洋的說出解答。例如：「請問幫助老婆婆過馬路自不自私？」

答：「當然不自私！」

「錯！幫助老婆婆過馬路是一種自私的行為！」

「別開玩笑了！」

「請問幫老婆婆過馬路之後是快樂還是痛苦？」

「當然快樂！」

「老婆婆會不會把遺產分給你？」

「應該是不會！」

「那你快樂個什麼勁？」

「覺得自己做了一件好事，覺得自己有用，自我感覺良好！」

「那下次幫不幫？」

「當然！」

「如果你幫助老婆婆過馬路後，老婆婆告你強姦呢？那你下次幫不幫？」

「那當然不幫！」

「若你不幫她，看她過馬路時險象環生，九死一生，甚至可能被車子撞死，你良心安不安？」

「當然不安！」

「那你幫不幫？」

「幫！」

「那你為了得到好處避免壞處，才幫助老婆婆過馬路，這還不自私？」

一陣無言，啟瑞兄喃喃的道：「哪……哪有什麼好處？」

「讓自己快樂就是好處，不讓自己良心不安是避免壞處！」

「但這是好事！」

「我沒有說這是壞事，我只是說幫助老婆婆過馬路也是一種自私的行為，一種良性的自私行為！」

洪拉圖如是說：「幫助老婆婆是利人利己，利人利己的事只有白癡才不做，不幫助老婆婆是損人不利己，損人不利己的事只有白癡才會做，表面上幫助別人好像是損己利人，但實際上是利己利人，對老太婆而言她讓人幫助，耽誤了別人的時間與精力似乎是損人利己，但對方幫助了她而得到快樂，實際上也是利己利人。所以你會損人利己，接受別人的恩惠，你也會損己利人，給別人恩惠，在當下或最後都是利己利人。人類是群體的動物，萬事互相效力，今天你幫我，改天我幫你，彼此互損互利這就是人生，這樣人類才能生存。假如你只知道損人利己，那就是極度自私，極度自私的人是沒有人會喜歡的，最後得到的必定比失去的多。雖然人類的本性是自私的，但是偉大的人類智慧了解一件事，極度的自私會走向滅亡，**拯救自私的人類避免毀滅**、

創造更美好未來的最佳方案就是——不自私！」（見快樂教教主金言語錄）。

有一次啟瑞兄也提出了反駁：「我覺得你的快樂教基本理論有問題！」

「蝦咪（台語什麼）問題？」洪教主瞇著眼睛問。

「根據快樂教的理論，人類的行為都是為了追求快樂，那自殺呢？」啟瑞兄開始大聲了起來。

「自殺也是一種追求快樂的表現啊！」

「又來了！」

「自殺的人認為自殺了會更快樂才去自殺！」

「怎麼可能？有的人只是想報復才自殺！」

「報復也是一種快樂啊！想到自己的死能讓對方痛苦就爽得不得了！」

「那厭世的自殺呢？」

「厭世的自殺更是一種追求快樂的行為！」

「怎麼說？」

「因為他們認為死亡可以避免痛苦，至少可以不必再忍受痛苦！」

「那我可不可以避免痛苦，不必忍受你的轟炸！」

「……」

經過一段的日子薰陶，啟瑞兄的功力突飛猛進，終於有一天啟瑞兄能欺師滅祖了！記得那天是一個寒冷的冬天，洪教主端坐寶座，啟瑞兄隨侍在側，洪教主為了取暖隨意問道：「請問誰是世界上最偉大的人？」說完後，教主大人已經準備接受啟瑞兄瘋狂的讚美，並打算謙虛個兩句意思意思。

「我！黃啟瑞！」

「什麼？為……為……為什麼？」洪教主一時驚惶失措，口齒有點不清，真是有失一代宗師的的風範。

「因為我活著全世界都活著，**我兩眼一閉則毀天滅地，一切消失！**」

「此……此話怎講？」洪教主大驚失色，不知啟瑞兄何時練成這等神功。

「當我兩眼睜開時，天存在，地存在，教主大人自然也存在，路人甲、路人乙都存在，台灣、中國、美國都存在！但本人一旦兩腿一蹬，雙眼一閉，則天不存在，地不存在，教主大人自然也不存在，路人甲、路人乙都不存在，台灣、中國、美國都完全消失！老子黃啟瑞活著時，世界存在，一旦翹辮子則毀天滅地，世界萬物都消失了！**世界因我存在而存在，世界因我消失而消失！故天上天下唯我獨尊，有誰比我更偉大！**」

「嗡！」一聲！洪教主差點沒從教主寶座上摔下來，心中又急又怒，但又說不出話來，只得故作鎮定，深深吸了一口氣緩緩的道：「啟瑞兄天縱英明，不負洪教主之灌頂加持，從此天上天下唯我獨尊，得到拂塵一支，位列仙班！」。洪教主一邊說一邊拿出一把掃帚，交給啟瑞兄：「快樂教第二代弟子黃啟瑞聽令！為光大本教，宣揚教威，千秋萬世，一桶漿糊，特令黃啟瑞接掌快樂教教主之職，即日起生效！」。

只見啟瑞兄滿面紅光，拿著掃帚，面帶微笑，正陶醉在天上天下唯我獨尊的境界裡，洪教主連忙辦理交接，逃之夭夭，以免啟瑞兄雙眼一閉則洪教主就被毀天滅地，飛灰煙滅了！

記得赫曼赫塞（Hermann Hesse）在「荒野之狼」（Der Steppenwolf）中提到「自了漢」的救贖就是自了，也就是自己結束生命。而荒野之狼都是自了漢，唯一不同的是他們在等待一個時機，他們微笑著看著發生在自己身上的災難，看自己怎樣去忍受它。假如有些災難超越了自己負擔的能力，他們就祭出終極的法寶「自殺」來結束災難，換句話說生存的勇氣來自於死亡，而死神就是他們的天使。

曾經轟動一時的槍擊要犯劉煥榮在被槍決的前兩天，畫了一幅畫送給他的朋友樓蘭，主題是一隻抬頭挺胸的公雞，畫的背景是一片純白，上面提了五個字「一鳴天下白」，這是出自李賀致酒行「我有迷魂招不得，雄雞一鳴天下白。」。

根據洪大心理學家的分析，煥榮兄這幅畫很明顯地顯示出他的心情，情節很像卡謬的異鄉人，期待死亡來翻轉黑暗的世界。槍聲一響，人生的噩夢終將結束！抬頭挺胸的公雞代表天上天下唯我獨尊，鮮紅的雞冠代表即將流出的血，鮮血將洗盡他的罪惡，而死亡會帶給他一個純白的開始。所以根據洪大教主A＝B，B＝C所以A＝C的推論，煥榮兄恐怕也練成了這招「毀天滅地」，天下無敵了！

想想看平常人要練到天上天下唯我獨尊，要付出多少代價？古今中外又有幾人？但是有了死神的撐腰，不管你白癡偷懶王再怎麼白癡，再怎麼偷懶，**偷懶偷到忙死**、**累死**、**或被人笑死**，甚至槍決，只要你練成這一招「毀天滅地」，世界因你存在而存在，世界因你消失而消失。瞬間，每一人都可以天上天下唯我獨尊！

偷懶神功第八招
一步登天

生命的意義

也曾站在屋頂上
深夜中
仰望黑色的星空
點燃一支又一支的沖天炮
炮火沖天而去
在寧靜的夜空中
勾劃出一道道的光芒
傳出了隱隱地爆破聲

蒼穹如舊
沒有人看見
也沒有人聽見
更沒有人夢見
那黑空中一朵又一朵
綻放的火花
是我
微不足道的
求救訊號

「求救訊號」，是偷懶動在高中時留級留了兩、三次，失戀失了五、六次之後寫出傳頌千古的作品，當時的偷懶動每天懶洋洋起床，也不想說話，房門口還貼了一副對聯，右聯是「無山小路用」，左聯是「一世人撿角」，橫批則是「吃飽等死」四個大字。路過之人紛紛搖頭，不知道此人生命有何意義？活著是為什麼？當時偷懶動最喜歡的書有王尚義的「野鴿子的黃昏」，卡夫卡（Franz Kafka）的「蛻變」（Die Verwandlung），卡繆（Albertt Camus）的「異鄉人」（The Stranger）、叔本華（Arthur Schopenhauer）的「意志和表象的世界」（Die Welt als Wille und Vorstellung）……等，最欣賞的一句話，就是吾友叔本華老先生所說的：「人生就像一個鐘擺，永遠擺動於失望與痛苦之間。」。當時偷懶動生活中唯一的樂趣就是研究自殺，不但熟讀「完全自殺手冊」，甚至還寫了一篇短篇小說，內容是一個人到墳墓堆割腕自殺的故事，後來二十幾歲時看到了吾友黃春明寫的「男人與小刀」後，著實嚇了一跳，內容與偷懶動所寫的相似度竟然高達90％，真是英雄所見得太略同了，不禁對春明兄「高山仰止」起來，也相信了電影「第三類接觸」裡最有名的一句對白：「We are not alone！」

但是那時候的偷懶動並不知道自己不孤獨，每天問自己一個問題：「活著是為什麼？」，偷懶動也曾企圖自我了斷，但卻實在是懶到一直沒有付諸實行。當時看到一篇描寫歌德（Johann Wolfgang von Goethe）如何寫出「少年維特的煩惱」（Die leiden des Jungen Werthers）這本巨著時，曾狂笑了一場。因為內容是敘述歌德在三角戀愛失敗後，曾經想自殺，幾次拿刀子對準自己的心臟卻刺不下去，然後說了一句名言：「自殺是一種違反人體機械原理的行為！」，偷懶動之所以狂笑的原因是因為歌德這麼偉大的人竟然和偷懶動一樣怕死。但狂笑之餘偷懶動臉上的表情卻又突然悲哀起來，因為偷懶動想到了自己為什麼還活著的原因，那就是「怕死」！活著不知道為什麼，痛苦卻又不敢去死，就懸在那裏，偷懶動想這可能是人生最深的矛盾與悲哀吧！

沒有人能給偷懶動「人為什麼活著？」的答案，偷懶動自己也找不到答案。直到有一天，偷懶動藏得十分隱密的月考成績單竟然被洪老聖太爺發現了，一時雷電交加，狂風怒吼，山搖地動，鬼哭神嚎，偷懶動很榮幸地被掃地出門。在黃昏裏偷懶動獨自徘徊於無人的海邊，看著茫茫的大海，本想效法屈原偉大的精神，但海面上波濤洶湧，寒風刺骨，跳下去必死無疑。正在猶豫當中，偷懶動突然開始神經病發作，自言自語起來：「為什麼要讀書？」

然後偷懶動自答：「為了追求文憑？」

「為什麼要追求文憑？」

「有了文憑才能找到好一點的工作。」

「為什麼要找到好一點的工作？」
「好的工作才能有好的收入。」
「為什麼要有好的收入？」
「好的收入才能讓生活過得好一些。」
偷懶勳繼續自問自答：「那為什麼生活品質好轉後還要多賺一點錢？」
「賺錢後可以利用賺來的錢拿來賺更多的錢！」
「為什麼要賺更多的錢？」
「賺來更多錢以後可以拿來賺更多更多的錢！」
「那賺了更多更多的錢以後呢？」
「可以賺更多更多更多的錢！」
偷懶勳甩了甩頭又自問：「好了，假如有一天有了很多很多很多的錢以後呢？」
「有一天有了很多很多很多的錢以後，可以隨心所欲買自己想要的東西，還可以娶個漂亮的老婆，又可以孝順父母，照顧子女，環遊世界，做自己想做的事！」

「那可以隨心所欲買自己想要的東西又怎麼樣？」

「爽啊！快樂啊！」

「娶個漂亮的老婆又怎麼樣？」

「爽啊！快樂啊！」

話鋒一轉，偷懶勳又問：「為什麼要孝順父母？」

「這樣父母才能快樂？」

「父母快樂又干你屁事？」

「父母快樂做子女的才能快樂！」

「那麼為什麼要照顧子女？」

「讓子女有好一點的生活。」

「子女有好一點的生活又怎樣？」

「子女有好一點的生活才會快樂！」

「子女有好一點的生活又干你屁事？」

「子女有好一點的生活，為人父母的才會快樂！」

「好！為什麼要環遊世界？」

「爽啊！快樂啊！」

「為什麼要吃飯？」

「爽啊！快樂啊！」

「為什麼要偷懶？」

「爽啊！快樂啊！」

「為什麼要打電動？」

「爽啊！快樂啊！」

偷懶動自問自答越問越快，眼珠子轉著轉著突然頓悟出人生中最偉大的道理

「人為什麼活著？」，原來人活了半天所有的行為竟都只是為了追求幸福快樂！什麼是成功的人生？答案就是快樂的人生，而不是有錢的人生！什麼是失敗的人生？答案相對的就是不快樂的人生。所以快樂才是人生最高原則。偷懶動突然大笑起來，卻又淚流滿面，突然大徹大悟，原來活得快樂比一切都重要。所以與洪老聖太爺賭氣並不重要，更何況在這麼寒冷的天氣裡，效法屈原跳到水裏，似乎並不是一件十

分快樂的事，所以偷懶勳就選擇了另一件比較快樂的事，那就是回家吃晚飯，當個飯桶。

多年後偷懶勳問過很多人對於成功的定義是什麼？大多數的人回答金錢、名利與地位。但有了金錢、名利、地位真的就會快樂嗎？答案當然是否定的！

馬雲的快樂來自於他的成就，並不在於他的財富，他的成就改變了人們購物的方式，讓人們能偷懶不出門就能買到更便宜的東西。賈伯斯（Steve Jobs）的快樂在於他擁有改變世界的能力，他的iPhone改變人類生活與通訊的方式，使他的顧客偷到懶而覺得世界更美好！

金錢、地位、名利、美貌並不等於快樂，而只是追求快樂的一種方法與跳板，但絕非唯一的方法！只知道追求這些的人是在繞遠路，浪費時間。因為金錢、地位、名利、美貌不是人生的目的，直接追求快樂才是生命真正的意義！就算你擁有了金錢、地位、名利、美貌，但卻不快樂，那人生還是失敗的。香港影星張國榮集金錢、地位、名利、美貌於一身，幾乎每個人都喜歡他，最後卻跳樓自殺！有人立志要當總統，他當總統的目的就是為了快樂，但真的當上總統後卻不一定快樂（例如水扁兄與英九兄），那人生還是失敗的，正因為他不快樂。一個擁有一億的人不快樂，絕對比不上只擁有一百塊卻很快樂的人。有一句話說：「我寧可坐在勞斯萊斯裡哭，也不要坐在裕隆車裡笑。」但偷懶勳對於這句話實在完全無法苟同，因為到底是快樂重要？還是有錢有地位重要？答案應該是非常明顯的，各位看倌們可要想清楚了！

往後的偷懶勳常常思考著另一個問題，那就是人要怎樣才能活得快樂？對一個殘障者而言，最怕的就是別人把你當殘廢的人看待。而何謂殘廢的人？那就是傷殘又沒有用的人。沒有用又造成別人負擔的人，基本上是很難變成一個快樂的人，這在卡夫卡的「蛻變」一書裡記載得非常清楚，變成甲蟲的主角，連他的父親都期待他的死亡。所以偷懶勳立志要做一個有用的人，希望對家庭、對社會都能有所貢獻，結果偷懶勳做到了。每次坐公車時有人讓位給偷懶勳，偷懶勳總投以感激的眼光，因為他們看到偷懶勳感激的表情他們就會快樂起來。當有人看到偷懶勳不方便，主動伸出援手來幫助偷懶勳時，偷懶勳都露出一付滴水之恩，「準備」湧泉相報的樣子。結果大家看到偷懶勳感激的表情，就覺得自己做了一件很有意義的事而感到很快樂。所以偷懶勳是一個有用的人，因為偷懶勳能帶給他們快樂。

偷懶動在接受讓座的同時，逐漸感到自己的偉大起來，因為偷懶動接受各位恩公的讓座，使恩公們自我感覺良好，讓恩公們感到自己是有用的人，實乃功德無量也！偷懶動也感謝上帝讓偷懶動不良於行，才有這個機會服務大眾、造福人群、貢獻社會。偷懶動終於了解了 國父大人所說的：「助人為快樂之本」，也了解為什麼聖經上說「施比受更有福」。此外，偷懶動還悟出一個大道理：感謝不但令讓座的人快樂，也能使偷懶動自己快樂，感恩的同時因為感覺受到恩惠，自然快樂。每天都遇到那麼多好人，那麼多貴人幫偷懶動偷懶，偷懶動的人生當然是彩色的，而彩色的人生當然也是快樂的人生。

對別人有用是快樂的泉源。

明天會更好

吾友偷懶動從小不良於行，行為又囂張，常常被高年級的同學修理，生活十分痛苦。幸好偷懶勳生性樂觀，總想有一天長大了就不用怕了。長大後雖然已經沒有人會在回家的路上欺負偷懶勳，但是在學校功課不好，還是沒人看得起。本來偷懶勳認為高中畢業就沒事了，結果高中好不容易才畢業後，卻發現沒上大學還是沒人看得起，人生要快樂恐怕只有考上大學才會快樂。所以偷懶勳只好到補習班補習，一補再補補了三年終於勉強吊上車尾，考上淡江大學日文系。

然而偷懶勳平常雖十分愛看日本A片，對日文還算有點興趣，但偷懶勳畢竟偷懶的本性難移，學起日文來總是感覺太累，為了想繼續偷懶，於是痛下決心、毅然決然地轉到德文系。這自然是因為偷懶勳高中時期曾在德國與瑞士混了兩年，德文程度比起一般的菜鳥學生強過百倍，上起課來當然遊刃有餘，輕鬆愉快，可以大偷特偷其懶。更何況德文系的美女如雲，全班只有三個男生。說實話，偷懶勳上大學的目地只有兩個，一是交女朋友，二是混個文憑，從來沒有想要追求高深的學問或一技之長的想法。總想著轉到德文系後必定如魚得水，幸福快樂的不得了。沒想到好景不常，偷懶勳好逸惡勞，轉到德文系後，實在混得太兇，翹課翹得「有些」離譜，竟然在德文系又讀了六年還差點讀不畢業。最後若非系主任特別開恩，搞不好會把德文系又當成醫學系來念。更糟糕的是六年中偷懶勳像瘋狗般英勇的追求每一位女同學，從學姊、同學追到學妹，從林志玲的級數追到阿匹婆的等級，每次拋頭顱灑熱血，最後都不幸壯烈成仁，這種勇往直前，犧牲奮鬥的精神，終於贏得了「洪烈士」的稱號。

偷懶勳大學畢業後，幸好得到祖先的庇佑，順利當上大專院校的助教，心想這下幸福終於來臨，從此只需逼人唸書，自己都不必再唸書了。孰料教沒兩年，教育部新的法令出來了，說是幾年後助教不准上課，於是洪老聖太爺又硬逼著偷懶勳去念碩士。好不容易到美國混了個碩士，升等為講師後，才終於海闊天空、前途一遍光明美好時，卻又來個晴天霹靂，整個大環境逆轉，沒有博士學位或以論文著作升等的大專教師可能遲早會被淘汰，這下子洪老聖太爺博士自然又藉機逼迫偷懶勳去攻讀博士學位。但偷懶勳實在懶惰成性，好不容易才混到個碩士，自己已經滿意的不得了，又豈肯再花數年的大好光陰去念博士班、寫論文、做研究？但最後天不從人願，偷懶勳雖然萬分的不情不願，卻還是不得不向現實低頭，只好勉強拄著雙枴，再度赴美繼續混個博士學位。所以說對於一個殘障者來說，這樣的命運也實在是太坎坷了，真是令人不勝同情、唏噓感嘆！

記得當時有一首眾星合唱的歌叫「明天會更好」，偷懶勳從小偷懶技術欠佳，而且智商又只比猿猴稍高一些而已，所以偷懶偷到人生道路坎坷、命運多舛。但總是相信明天會更好，所以沒自殺，渾渾噩噩的不斷追逐著金錢、愛情、名譽與地位，正是因為認為幸福就在明天！「亂世佳人」（Gone with the Wind）的女主角郝思嘉（Scarlette O'hara）在故事的最後也把希望寄託在明天，但是明天真的會更好嗎？得到想要的就更好嗎？偷懶勳沒結婚時覺得結婚會更好，結婚後認為離婚會更好，離婚後又認為結婚會更好。沒讀大學時認為大學畢業會更好，拿到博士時又認為有錢會更好。有錢時認為有更多錢會更好，有更多錢時認為再多一些會更好。猶如國民黨執政時，人民認為民進黨執政會更好，而民進黨執政時，卻又認為國民黨執政會更好，週而復始。所以所謂的「明天會更好」就像追逐胡蘿蔔的馬，胡蘿蔔掛在竹竿上，可憐的馬拼命向前跑，卻永遠吃不到胡蘿蔔，明天會更好幾乎誤了偷懶勳的一生，也毀了大多數人的一生！

在電影「深夜加油站遇見蘇格拉底」（Peaceful Worrier）裡的男主角是一位大帥哥，家境富裕，就讀於柏克萊大學（UC Berkeley）的優等生。他熱中於體操運動，是最有奪標希望的體操選手。而且除非他想要獨睡，否則是個美女不斷的天之驕子。可是有一天當一名加油站的員工在偶然的機會裡突然問了他一句：「你快樂嗎？」，這名天之驕子卻完全回答不出來。直到隔了幾天後，主角回到同一個加油站時，才給了那名員工一個回答：「只要我得到我想要的，我就會快樂！」。滿心以為得到奧運金牌後，人生就會改觀，大家就會對他另眼相待，人生就會變得幸福快樂。然而就算奧運金牌拿到手，真的就從此沒煩惱了嗎？或是煩惱就一定會減少嗎？奧運金牌拿得到，人生幸福快樂的胡蘿蔔卻可能永遠吃不到。得不到，苦；得到了又怕失去，失去了又更悲哀。事實上，電影中的主角根本就是陷入在一個惡性循環裡，完全跳不出的輪迴！古代的物質、文明、科技都比不上現代，但現代人並不一定比古人幸福快樂，**因為人生沒有更美好**。「明天會更好」其實對大多數的人而言，其實就只是一個騙局！

偷懶勳雖然悟出了人生的目的就是追求幸福快樂，卻大半生被「明天會更好」這個騙局騙得團團轉，尋尋覓覓、跌跌撞撞、眾裡尋它千百度卻找不到幸福快樂的人生，站在天堂的門口卻不得其門而入，大半生在天堂與地獄中輪迴。偷懶勳驀然間從騙局中醒來後，才發現自己根本沒走向通往幸福快樂的天堂之路。有句話說得好：

「路走對了，就不怕遠。」，但是錯誤的路卻是永遠到不了目的地。

偷懶動至此發現自己人生的道路，根本完全錯誤，不只自己錯，偷懶動也發現有太多可憐的人也都走在同樣的錯誤路上。偷懶動自幼悲天憫人，人溺己溺，自以為天縱英明，所以為了全人類的福祉，為了所有宇宙繼起之生命，指天立地，開天闢地，呼天搶地，上天下地，發下宏願，要學習耶穌幫助世人偷懶的精神，來幫助世人偷懶。讓天下蒼生不用在滾滾紅塵中，辛辛苦苦，耗盡一生追逐名利，卻被擋在幸福天堂的門口，而沉淪在苦海之中，直到最後才發現明天並沒有更好。偷懶動希望全人類都可以幸福快樂，所以夙夜匪懈，為民前鋒，矢勤矢勇，必信必忠，終使上天藉著偷懶動創出了偷懶神功第八招「一步登天」，找到了一個全人類可以通用的幸福公式，為芸芸眾生打開天堂之門。可是人生真的有幸福公式嗎？

幸福公式——快樂的秘訣

偷懶動小時候曾聽過一個故事，故事的內容與舊約（Old Testament）中約伯記（Book of Job）主角約伯的情形有些相似，在聖經中以「在東方人中就為至大」來形容約伯，而這個故事的主角也是一位有錢的義人。內容是上帝為了證明世界上真的有義人存在，任憑魔鬼試探這位有錢的義人。首先魔鬼拿走了他大部份的財產，但義人卻說：「感謝主，您讓我仍然擁有足夠生活的財富！」

魔鬼二話不說，立即又奪走了他剩下的財產，讓他一文不名。這個義人看見自己成了窮光蛋，卻又平靜地說；「感謝主！您讓我一家人在堅苦中仍能團聚！」

魔鬼看見這個傢伙竟然沒了財產還感謝主，立刻又讓他的子女死於非命，義人流著淚說：「感謝主！謝謝您讓他們曾經來到這世上，陪我度過那麼多的美好時光！」。

這下魔鬼可火大了，決定好好的修理這傢伙，於是讓他受盡各種冤屈、污辱，並且得了重病，全身流膿，最後奄奄一息。義人臨終的時候，緩緩的吸了一口氣說道：「感謝主！感謝您讓我的一生從無到有，由有到無，經歷了人生所有的悲歡離合，使我的人生能夠完完整整。衷心感謝主！阿門！」。

而魔鬼在無所不用其極後，終於百般無奈地嘆了一口氣：「這……這……這是人嗎？」，說完掉頭就走了。此時上帝從天而降，拉著義人的手，上了天堂！

在日本西田文郎的「幸運最強法則」中提到三種力：運感力、喜感力和恩感力。在天縱英明的洪子重新排列組合之下，就容易理解許多——感恩的人（恩感力）能帶給別人歡喜，能讓別人歡喜的人（喜感力）好運會發生在他的四周，變成幸運的人（運感力）。誰是幸運的人？答案是時時歡喜的人，歡喜的人才能帶給大家歡喜。如何先讓自己歡喜？答案就是感恩！這就是在聖經中為什麼多次會提到「凡事感恩」的原因。

幸福的人不一定幸福，因為人們常常身在福中不知福，只有感恩的人才能了解幸福，擁有幸福。人生中的幸福，必須自己看得見才會幸福，看不見的幸福一般人根本沒辦法體會，怎麼看得見自己的幸福呢？答案是感恩，凡事感恩各位看倌自然就能感受到幸福。偷懶勳一生怨天尤人，就是不知感恩，所以看不見幸福。

記得史上偉大的哲學家洪子曾經談到了輪迴：「悲劇一再地上演，常常在不知不覺中你又回到過去的夢魘，人生是重複的輪迴。要如何逃脫這無盡輪迴的宿命呢？唯有改變，現在就改變！明天不會更好，除非你今天做了改變！」

可是偷懶勳雖然奉行洪子的至理名言不斷的在改變，在高中、大學、研究所時期都不斷的在改變，讀聖經改成了看漫畫小說，集郵的嗜好改成了喝酒，玩橋牌的習慣也改成了打麻將，結婚也改成了離婚，徹徹底底地自我突破、精益求精，確實努力改變了許多，但明天卻一直沒有更好，這到底是為什麼呢？

直到有一天偷懶動讀了約伯以凡事感恩打敗魔鬼的故事後，才赫然發現，除非懂得感恩，否則明天永遠不會變得更好！今天的心若不開始感恩，明天永遠不會更好。

故洪子曰：「偷懶的人都希望自己是一個幸運者，而感恩的人必定是幸運者，因為他有恩可感。人的幸運指數，建立於感恩的程度。幸運者當然幸福，但幸福卻是由感恩開始！」

隨時隨地都能感恩的人，必定是幸福的人，而無恩可感，怨天尤人的人一定是不幸的人！得到幸福的人自然就擁有幸運。故洪子最後、最偉大、最精采地「曰」了一句驚天地、泣鬼神、曠世無敵、宇宙無雙的金玉良言：「**感恩為幸福之本，感恩的人有福了，因為天堂是屬於他們的！明天不會更好，除非你能得到心中的平衡，唯有心懷感恩的人才能找到心中的平衡點！**」。

假如幸福也像數學一樣可以套公式，就可以輕輕鬆鬆算出答案，可以輕輕鬆鬆得到幸福，那麼幸福的公式，快樂的祕訣就是：

感恩＝幸福＝幸運

天堂鑰匙

每個人都想要上天堂，但是每個人卻都不想死，想上天堂又不想死，這是古今中外人類共同的大難題。偷懶動窮畢生之力、利用吸星大法、天眼通、轉世十萬次、摔得頭破血流、歷盡千辛萬苦、落魄潦倒、孤苦伶仃、妻離子散、家破人亡，終於想出不用死就可以上天堂的方法，找到了天堂鑰匙！一步登天，活著，就可以上天堂！

記得曾經聽過一個故事：有一位熱心傳道助人的老牧師死後，上帝親自在天堂的門口迎接他。上帝熱情的抓住老牧師的手說：「老牧師，辛苦你了！你一生都奉獻給了我，實在太感謝了！」

老牧師用恭敬、顫抖的聲音回答道：「哪裡！哪裡！這都是我應該做的。感謝您選擇我來事奉您。阿門！」。

上帝望著老牧師說：「為了感謝你，你還有沒有什麼心願未了，我來幫你處理。」

老牧師連忙答道：「謝謝您！我的父，我的一生有您的照顧，衣食無缺，又得到您的恩寵，沒有什麼心願未了。阿門！」

上帝笑著說：「在我的面前，你不必說『阿門』了，因為我知道你說的話都是真心的。你再想想看吧！我能為你做什麼？」

老牧師在上帝的鼓勵下，側著頭仔細思考一下後，突然：「啊！」了一聲後說道：「我的一生都在傳道述說天堂與地獄的事，天堂我即將見到了，但是我可能永遠無法見識到地獄的可怕，假如這算是心願的話，我希望在進天堂以前，可以先看看地獄的恐怖在哪裡。阿……阿……門！對不起，我又說阿門了！」

上帝笑了一下，二話不說，就抓住老牧師的手直接到了地獄。

地獄當時正要開飯吃晚餐，老牧師想地獄的伙食一定令人食不下嚥，差到極點。沒想到一桌又一桌，十個人的圓形餐桌上赫然都有烤乳豬、鮑魚、魚翅、龍蝦、燕窩……等高級料理，全都是山珍海味。老牧師疑惑地看了上帝一眼，上帝使個眼色要老牧師繼續看。疑惑的老牧師正在疑惑中，聽到上帝說了一句：「開動！」後，只見到坐在餐桌旁的每個人都迅速地拿起筷子，這時老牧師才發現每雙筷子竟然都有一公尺長，每個人急忙的拿著筷子就去夾菜，但悲慘的事發生了，每個人夾到的菜卻無法放進口中，因為筷子太長手太短，除了劉備吃得到（劉備手長過膝），沒有人吃得到，大家飢腸轆轆，面對著滿桌珍餚，夾著菜卻放不入口中情急之下只有用丟的，想要用嘴巴接住，菜一掉到地上，就消失了。結果短短幾分鐘內就杯盤狼藉，盤盤皆空，咒罵聲四起，有的人罵筷子，有的人罵菜，有的人罵地板，甚至有的人咒罵上帝，全都搖頭嘆氣，怨天尤人，因為沒人吃得到什麼食物。老牧師嘆了一口氣道：「敬愛的上帝，我了解了什麼是地獄了，真的太可怕了，這些人肚子餓得要死，菜又那麼好，夾得到卻吃不到，真的……真的是地獄，太可怕、太悲慘了！我不忍心再看下去了，您帶我上天堂吧！阿……阿……阿……」，老牧師總算將「門」字吞回肚子裡。

上帝也不等老牧師是否阿完門，就帶者老牧師直接上天堂，這時天堂也正在開飯，老牧師定睛一看發現每個人面前也是一雙一公尺長的筷子，餐桌上也是烤乳豬、鮑魚、魚翅、龍蝦、燕窩…等高級料理，全是山珍海味。老牧師又疑惑地看了上帝一眼，上帝還是使個眼色要老牧師繼續看。疑惑的老牧師在疑惑中，又聽到上帝說了一句：「開動！」，但卻不見有人動筷子，只見到坐在餐桌旁的每一個人雙手緊扣，先感謝上帝，再感謝漁夫、農夫，又感謝廚師，也感謝殺豬的，更感謝養豬的，最後還感謝豬、鮑魚、鯊魚、龍蝦、燕子…等等，感謝了半天，這才拿起筷子。老牧師心想筷子那麼長，感謝了那麼多，最後還是吃不到，那還感謝個啥？沒想到大家拿起筷子之後，並沒有直接夾菜，而是問坐在對面的人：「請問你要吃什麼？」

對面的人回答：「龍蝦，謝謝！那你呢？」

「鮑魚，拜託，感恩！」

只見所有的人拿起一公尺長的筷子幫對方夾菜，放入對方的口中，然後都對對方點頭微笑表示感謝。就這樣你一口我一口，所有的人都吃得心滿意足，酒足飯飽，快樂得不得了！

這時傳了一輩子道的老牧師突然一股靈光浮現，終於真正悟道了。於是他聽見仙樂大作、看見天門大開、落英繽紛、天花亂墜、眾天使列隊歡迎。原來天堂與地獄都是一樣的，一樣的菜，一樣的餐廳，一樣的筷子，只有兩點不一樣！第一點是天堂的人會互相幫忙，第二點是天堂的人會感恩。世界上本來就有天堂與地獄，只要那個地方的人都自私自利，怨天尤人，那裡就是地獄。相反的說，只要那個地方的人都能互相幫忙，隨時表達感恩之意，那裡就是天堂！譬如說偷懶動自私自利凡事只會怨天尤人，就是活在地獄中，而英明的讀者們常常互相幫忙，隨時感謝別人，就是活在天堂之中。想上天堂又不用死的秘密就在這裡，只要你願意，人生中就會有天堂！

要上天堂其實很簡單，只要你擁有天堂的鑰匙。但天堂鑰匙在哪裡？想起各位看倌為了購買本書縮衣節食、省吃儉用，不禁感激涕零，只好把偷懶動壓箱底的偷懶神功最後一招，第八招「一步登天」交給各位了，希望所有學會偷懶神功的偷懶教友，從此幸福快樂，人生活在天堂之中！好了！廢話言過不表，偷懶動在此獻給所有的讀者一人一支「天堂鑰匙」，打開人生中的天堂大門。各位看倌看仔細了，答案就在下一頁！

隨時隨地　謝天謝地

用心體會每天的小確幸　人生自然幸福起來

對於美好的事，我們自然應該感恩，但是對於不美好的事，我們更應該感恩，因為那是天賜的恩典、試煉、一種經驗、一個學習的機會，也就是佛家所說的「逆增上緣」，這與基督教的「凡事感恩」道理相通、不謀而合。所有的事都是上緣，都值得感謝，所有人生的酸甜苦辣都嘗試過，才會不枉人生！人生才會完整。為什麼很多男人都喜歡談當兵的時光？因為當兵時最苦，磨練最多，學到的也最多。人類最幸福的時刻就是從逆境中解脫出來，只要熬得過逆境的考驗，逆境將變成一份禮物，人生中最精彩的回憶往往是在逆境中的成長，逆境使得我們人生功德圓滿，唯有經歷苦難人們才懂得惜福、感恩。

老子道德經五十八章告訴各位看倌，禍兮福所倚，福兮禍所伏，因為經歷了「禍」的洗禮，才能了解與享受到生命的祝福，同樣的樂極生悲也是常有的的事，樂中容易得意忘形因而遭致禍患。重要的是能夠在苦難中學習，歡樂中感恩！

偷懶動自幼行動不良，所以很喜歡塞翁失馬的故事，常常拿這個故事來勉勵自己。塞翁失去了馬，鄰人前來安慰，塞翁表示失去了馬也不是壞事。結果失去的母馬居然帶了一匹雄駿的公馬回來，鄰人又來恭喜他。塞翁見到公馬後只說了一句，多了這匹馬也不見得是好事。後來果然他的兒子因為騎這匹馬而不慎摔斷了腿，和偷懶動一樣參加了拐杖俱樂部。鄰居又來慰問他，塞翁說兒子斷了腿也不見得是壞事。半年後發生戰爭，村裡的年輕人都被抓去當兵，只有塞翁的兒子因為殘障免於徵召，成為村裡唯一留下的適婚男人，村裡的女孩子全部瘋狂地搶著要嫁給他，而後來他自然而然當上了村長。但福兮禍所伏，塞翁的兒子因為要照顧全村的女孩子，而操勞過度，再加上村務繁忙，體力透支，終於英年早逝，仙福永享。

喜劇泰斗卓別林（Charlie Chaplin）說過一句名言：「人生近看是悲劇，遠看則是喜劇」，失戀時幾乎活不下去，隔了幾年發現自己竟然還沒死，反而更成熟了。經歷痛苦時痛不欲生，但經歷過痛苦之後，卻發現了更美好的自己！英文裡有一句話叫做 disguise blessing（隱藏的祝福），很多祝福都隱藏在痛苦中，等待著我們去發現。我們應該感謝所有帶給我們快樂與痛苦的人、事、物，因為我們的生命因此而成長！

何謂隨時隨地謝天謝地？其實很簡單，只要你不快樂，擁有負面情緒時，你就沒有做到。像偷懶動有時抱怨，有時發怒，有時忌妒，這都沒有達到隨時隨地謝天謝地的境界。要達到隨時謝天謝地必須先保持一顆謹慎的心，只要發現自己稍有負面的情緒就要問自己，引起負面情緒的事有什麼值得感恩的呢？會不會是一個學習的機會？還是有隱藏的祝福沒有被發現？或者是行為需要調整？

在謝天謝地的同時，更要不吝於施予。故洪子曰：「手心向下的人永遠比手心向上的人快樂！」。

潛能大師安東尼羅賓（Anthony Robbins）曾經提起他一生中最快樂的一件事，就是在年輕的時候，附近住了一對比自己更窮的母女，感恩節快到了，每天這對母女唉聲嘆氣地不知如何度過這個節日，因為她們平時只能撿些野菜過日子。好不容易羅賓找到了一份工作，在感恩節前夕領到了生平第一份微薄的薪水，他花掉了大部份的錢去買了一隻烤好的火雞、麵包與火腿，裝在一個籃子裡，偷偷地放在這對母女的門口，然後躲在一旁觀察。當小女孩打開門看到籃子時，發出了驚喜的尖叫聲，然後她的母親衝出來，也跟著尖叫，母女兩人相擁而泣，淚流滿面，口裡喃喃喊著：「Thank God! Thank God!」。而躲在暗處的羅賓看到這一幕也當場落淚不能自已，心中的快樂無法言喻。他知道自己做對了一件事，他感恩上帝，感謝上帝藉著他的手，讓他有榮幸能扮演天使的角色，帶給這對母女一個快樂的感恩節！

在幫助別人時發現自己的富足，也就是孫中山老先生說的「助人為快樂之本」，這句話生性自私愚魯的偷懶勳搞了很多年才明白，施予帶給我們更大的快樂，因為我們還有能力付出！

佛家修行以佈施為始，除了物質的「財布施」以外，尚有「法施」與「無畏施」，只要能幫助他人生理或心理的行為統稱為佈施。就算是一句好話，一個微笑，只要能給別人帶來溫暖或快樂都算是佈施。在佈施的同時，佈施的人自己也得到快樂，這就是回報！

當然，如何佈施還是必須量力而為，看倌們千萬不要像前面所提到的敏雄兄當年得了上帝症候群，佈施佈到自己差點斃命！

各位看倌，只要練成這招「一步登天」，隨時隨地懷著一顆感恩、學習的心，助人的心，世界上就沒有不完美的事，人生就會變得圓滿，人間也就瞬間變成天堂。這豈不等於擁有「天堂鑰匙」，隨時都可以一步登天！所以隨時隨地，謝天謝地，凡事謝恩，多積陰德，天堂就在人間！

是人是鬼？

話說偷懶勳因為怕鬼，從小都不敢看恐怖片。根據科學研究報告，小時候越怕鬼的小孩越聰明，可見偷懶勳自幼即英明神武，智慧過人，非一般人所能望其項背。當時的偷懶勳堅信有鬼魂存在，所以一天到晚疑神疑鬼，膽小如鼠，努力親近上帝，準時上教堂，走夜路時還大聲地唱著聖歌以壯膽。

說也奇怪，偷懶勳小時雖然怕鬼卻從未見過鬼，反而長大膽子也大了以後常常見到鬼，發現這個世界到處都是鬼，而且鬼就在你我的身邊。第一次知道自己見鬼是在偷懶勳喝得醉醺醺地半夜回家時，突然發現在黑暗中前妻披頭散髮地坐在沙發上，一見到偷懶勳搖搖晃晃地進門，就先來一個極速旋轉的煙灰缸，然後從沙發上跳起來破口大罵，一副凶神惡煞的樣子，最後還對偷懶勳落下了一句：「你到底是人還是鬼？」。當時偷懶勳看到了這種景象恍然大悟，原來自己枕邊人竟是一個披頭散髮的女鬼。等到前妻大人訓話完畢，偷懶勳洗臉照鏡子時，發現鏡子裡也有一隻鬼，一隻醉鬼！所以最後兩隻鬼就離婚了。

從此以後偷懶勳常常見到鬼，在辦公室看見吸血鬼、搗蛋鬼、八卦鬼、懶惰鬼、窮酸鬼；在風月場所遇到狐狸精、白骨精、吸血鬼、色鬼；在賭場裡更碰到吸血鬼和賭鬼；在街上也有衣著光鮮，珠光寶氣的吸血鬼、窮鬼、冒失鬼、可憐鬼、餓死鬼，甚至裝神弄鬼。這些鬼看起來就像電影裡的生人勿近，陰屍路，活屍橫行，要把你生吞活剝，咬你一口！

以前看鬼故事總以為鬼是另一個世界的恐怖東西，天眼開了以後，才知道原來鬼就在你的身邊！也了解鬼故事和鬼電影裡描述的鬼，大部分在現實的生活中就會遇到。時候到了，人就變成鬼，天亮了鬼也會變成人，就像狼人在月圓時變身，天亮時醒來就什麼都忘了。不過有些是道行不夠的鬼，天亮之後鬼還是鬼，永遠無法修煉成人形。鬼裝人還好應付，鬼裝神就很可怕了。政客表面上為民喉舌，大公無私，骨子裡卻只考慮個人利益，棄百姓於不顧。賣黑心油，黑心食品的還吃齋念佛的比比皆是，神棍、牧師詐財騙色的也時有所聞，明明是鬼還要硬把人壓在下面！

有些時候偷懶勳覺得自己是鬼，癡嗔貪戀，唉聲嘆氣，怨天尤人，有時候卻以為自己頭上會發光，霞光萬道，瑞氣千條，常常搞不清楚自己是人還是鬼！

等到偷懶勳天眼通功力再深一層時，才慢慢發現自己會變成鬼的原因，那就是不知感恩與施捨，不懂「一步登天」這招，而且一直都在扮演白癡偷懶王的大懶鬼，一直用最愚蠢的方法偷懶，所以大半生淪落於冥界，人生落魄潦倒自不在話下！有些人雖然修練到聰明偷懶王的境界，但因為不會「一步登天」，表面上看起來像人，但和「畫皮」中的女妖沒什麼兩樣，骨子裡還是鬼，唯有練成「一步登天」，才能真正轉化成人，得道成仙，把人間變成天堂！是人是鬼，不在於外表，不在於財富，不在於地位，而在於你是否會感恩，願不願意施捨！懂得感恩與佈施，你就是人，而且是個快樂的人。一天到晚不滿，抱怨，癡貪的，不墜落冥界也難！

各位看倌若是能熟讀偷懶學，早日練成一步登天，跳脫冥界，直上天堂，則偷懶動功不可沒，造福世人，勳業彪炳，聖德無量，理當記大功乙支也！

世界上最悲慘的故事

記得偷懶動在瑞士念書的時候，和兩位同學住在日內瓦（Geneva）湖畔的蒙特婁（Montreux）一棟四十層的頂樓上。有一天放學，偷懶動與室友快樂的回到住處，沒想到大樓的電梯故障。望著故障的標誌和四十層的高樓，室友史匹保與湯瑪仕問偷懶動怎麼辦？偷懶動拄著枴杖英勇的說了一個字：「爬！」於是三個人進入了樓梯間開始爬，爬了十樓，兩個人見到偷懶動全身汗流浹背，大珠小珠落玉盤，拐杖都快要斷掉了，就建議偷懶動慢慢來，也提議大家一邊爬，一邊來個說故事比賽，打發無聊的時間，最後大家決定比賽每人說一個「世界上最悲慘的故事」。

一開始湯瑪仕說了他的親身經歷，他愛上一個女孩子，女孩卻愛上另一個男人，後來那個女孩懷孕了，男的卻拋棄了她，湯瑪仕帶女孩去墮胎，對她百般的照顧，沒想到那個男人卻回來，女孩竟再度投向那男人的懷抱！

然後走到了二十三樓史匹保也接著說了一個感傷的故事，內容是二次大戰後，在南太平洋的荒島上，有一個日本兵不知道戰爭已結束，一個人孤零零的守住荒島二十年，還準備與美軍決一死戰，二十年後，日本老兵終於回到家，妻子卻早已改嫁，甚至已沒有人認識他了。

兩個故事都很悲慘，說著說著大家已經來到了三十九樓，眼見就要到達頂樓的宿舍了，湯瑪士已經開始唱起：「Home, sweet home...」

站在四十樓的樓梯口，偷懶勳喘得像個風箱似的，上氣不接下氣，也說了一個世界最悲慘的故事，而且當場獲得冠軍：「我們……的……鑰匙……好像……都在……書……包裹，但是……剛剛……為了……爬樓……梯，我們都……沒……拿……書包！」

人生中最悲慘的事就是努力一生，已站在天堂的門口，卻發現沒有帶鑰匙。各位看倌千萬要練成偷懶神功第八招「一步登天」，因為偷懶神功的第一招「吸星大法」到第七招「毀天滅地」的終極目標，都是追求幸福快樂，假如你練其他七招而不會第八招，那就像到了天堂而沒帶打開天堂的鑰匙，永遠也上不了天堂。第八招沒有練成，其他七招不能使你的人生達到最終極的目標，再怎麼拼，再怎麼努力練，明天也不一定會更好。但是今天、只要今天看倌們開始稍稍調整一下你的心，隨時隨地感恩，隨時隨地謝天謝地，現在就會更好！輕輕鬆鬆幸福快樂！活著就能登上天堂！世界大同、天下為公、宇宙無敵！

偉哉，人生流血流汗的努力與付出，打拼都到達不了的境界，偷懶神功第八招「一步登天」可助你在瞬間就達成！連偉大的洪子也只能說一個字：「讚！」

敬請看倌千萬記住，上天堂的同時，也要順便感謝功德無量的偷懶動！只要感謝偷懶動，努力推廣偷懶學的人，必定能普渡眾生，得道升天！

收功

最後看倌們需注意一件事，當偷懶時千萬不可承認自己在偷懶。蓋世上冬烘、頑冥不化的人太多，無法了解偷懶學的博大精深。厚黑始祖李宗吾指出，凡「人」在行使厚黑之時，表面上需蒙上一層仁義道德。洪子指出，凡「人」在行使偷懶之時，表面上亦需蒙上一層仁義道德，否則一天到晚高喊偷懶很容易變成過街老鼠。為自己偷懶謂之效率，也就是英文的「work smart」，為別人偷懶謂之服務。國父說「人生以服務為目的」，就是鼓勵看倌們努力為別人偷懶。

偷懶學到這裡即將告一段落，各位看倌讀本書的同時，不知有否經常聽見仙樂大作、看見天門大開、落英繽紛、天花亂墜、諸天神佛列隊歡迎的景象？若以上的現象都沒有出現的話，那你一定是看別人買的偷懶學，自己沒有買才會這樣！唯一的補救方法就是自己趕快買一本正版的偷懶學（盜印的無效），仔細研讀。若是自己買的還是聽不到仙樂大作、看不見天門大開、落英繽紛、天花亂墜、諸天神佛列隊歡迎這種令人感動的場面，那就敬請翻開偷懶學第一頁……

重看！

晚安曲

偷懶動在德國兩年多，因為喜歡睡覺，唯一學會的一首德文歌就是晚安曲。記得歌詞最後的一段意思大概是這樣的：「明日一早，假如上帝願意的話，你將再度醒來，明日一早，假如上帝願意的話，你將再度醒來。」（Morgen frueh, wenn Gott will, wirst du wieder geweckt！Morgen frueh, wenn Gott will, wirst du wieder geweckt！）。當了解晚安曲詞意的那一剎那，偷懶動感受到很大的震撼，原來早上能醒來是上帝給你的恩賜，當時偷懶動年紀輕輕，還有許多夢想，是個有理想有抱負的青年，心想假如上帝哪天不爽了，那豈不是嗚呼哀哉，完蛋大吉？所以偷懶動每天早上起來的第一件事，就是感謝上帝。每天感恩的結果終於孝感動天，上帝派了一份重要而美好的任務給偷懶動，那就是寫出偷懶學這本書，並傳授了一步登天這招給偷懶動。偷懶動因為生性懶惰，想多活幾年，故偷懶學這本薄薄的書，一寫就寫了八年，至今不敢完工，以免一旦任務達成，就蒙主寵召，一命嗚呼了！

導演九把刀在「那一些年我們一起追的女孩」的作品中，藉著主角柯景騰在畢業後說出了自己對人生的期望：「有一天希望世界因為我而有一點不同。」，這句看似一句微不足道的話，卻是普天下有理想有抱負的年輕人共同的心聲。偷懶動從小一直以為自己就是改變世界的那個人，多少年過去，這個理想隨著時間逝去才逐漸發現，世界並沒有因為偷懶動而有任何的改變，而偷懶動也與一般人沒啥不同。更糟的是，偷懶動甚至比一向所看不起的人更糟，而且終點站就在眼前，偷懶動可能已沒剩多少時間去翻盤了。世界沒有因偷懶動而改變，但至少偷懶動也教了這麼多年的書，應該有人因偷懶動而改變吧？結果答案是也沒有，因為偷懶動和每個人都是相同的，既然沒有不同又如何去改變世界？

自從發展出偷懶學後，人生終於找到了目的，偷懶動也終於了解人生中最重要的任務，就是發現偷懶可以通向幸福，替「偷懶」兩個字洗刷汙名，告訴大家，偷懶可以使人生變得更好，因為每個人都喜歡偷懶，每個人都應該名正言順的偷懶。

人類是一種很矛盾的動物，每個人都希望和別人一樣，但潛意識裏總希望自己是獨一無二的，甚至希望世界因你而有所不同，更希望全世界接納你！所以追求個人的獨特性，往往都是人類最高的目標。

美國有一個選秀的節目錄取了一位homeless（流浪漢）的街頭舞者，他的舞技震驚了所有的評審。當初他為了跳舞被父母掃地出門，他的父母希望他只是個平凡人，但為了堅持他的獨一無二，他餐風露宿，流浪街頭，不斷地苦練終於證明了他的獨一無二。所有選秀的裁判都接受了他，當然也包括當初反對他的父母在內。當他贏得勝利的那一剎那熱淚盈框，因為他的人生已反敗為勝！

這些年來偷懶動也一直在追求自己的獨特性，尋找自己和別人不一樣的地方。但越是追尋，做了一些自以為轟轟烈烈特立獨行的事，越發現自己也不過是一個普通人，並沒有金剛不壞之身，更沒有天下無敵的地方。

有一群農夫住在一個偏遠的山區，他們都是基督徒，但地方太偏遠，農夫們又窮，所以沒有牧師要來，也沒錢蓋教堂。有一次閒聊時，有人表示希望星期天能作禮拜，有人馬上提議可以利用山頂的空地聚會。又有人問沒有牧師怎麼辦？其中有一位農夫自告奮勇地說：「我識字，也有聖經，不如我來傳道吧！」，於是眾人就這樣決定了。星期日一大早，這位傳道農夫就帶著小女兒先到山頂，排好石頭當成座位，準備作禮拜，連奉獻袋也都準備好了。小女孩看見父親先偷偷地塞了十塊錢進奉獻袋，之後，其他的農夫陸陸續續地來了，禮拜開始，這位農夫講道講得很認真，大家也聽得很入神。然後唱詩歌、奉獻，女孩拿出奉獻袋在會場繞了一圈，農夫們紛紛把手放入奉獻袋。散場時，女孩看見父親滿懷期待地打開奉獻袋，結果發現裡面竟然只有十元，女孩看著失望的父親說：「爸爸，你剛才若是放一百元進去，現在裡面的錢不就多十倍了嗎？」。

其實人生最高的道理就是這樣，放了多少，就收穫多少，終其一生，偷懶勳對人生所領悟的竟然就只是「一分耕耘，一分收穫」、「種瓜得瓜，種豆得豆」這種最簡單的道理而已，當然怎麼耕耘？怎麼種？是用最費力最沒有成果的方法？還是用最省力最有效的方法？這正是「偷懶學」這本書的基本精神與精髓之所在。

雖然偷懶勳偷偷期許「偷懶學」能和李宗吾先生的「厚黑學」比美，但世界也不會因為它而一下子改變，或許更不會改變各位讀者當下的人生，只是寫了這本書之後，希望至少自己能改變，不要永遠當一個白癡偷懶王，進而能腳踏實地，面對現實。

「深夜在加油站遇見蘇格拉底」有一句話說：「什麼叫做智慧？智慧就是一種實

踐。」」。白居易慕名拜訪鳥巢大師，在樹下請教人生的道理，鳥巢大師端坐樹上說：「孝順父母，友愛兄弟，待人和善，多積陰德」，白居易聽了之後，不以為然地答道：「三歲小兒都知道！」鳥巢大師回答：「三歲小兒都知道，八十老翁做不到！」「種瓜得瓜」雖然人人都知道，但沒有實踐的永遠都不能算是智慧。聰明的人總是以為他們會飛，能一夕致富，其實一步一腳印，不會走，不會跳，又怎麼會飛呢？

也許以偷懶動目前的身體狀況，餘生已經來不及看見瓜與豆的出現，但是上帝給予偷懶動的使命就是要把這顆種子努力的撒出去，希望有一天有人能站在偷懶動種的樹上，看得更高，看得更遠。更希望有一天許多人因為偷懶學的出現，而能少走很多的冤枉路，能夠過得更幸福，更快樂！當然如果能夠因此而促進世界和平，創造出人類更文明的文化，偷懶動當然也是絕對不會反對的。最後希望各位看倌努力學習偷懶的功夫，拼命偷懶，順便也幫別人偷懶，一步登天，成大功、立大業，擁有幸福快樂的人生！

有時候不偷懶反而是最偷懶的方法。

結語

這本偷懶學的完成，除了謝天謝地之外，最重要的是要感謝偷懶動的父母洪老聖太爺及洪老聖太母，無怨無悔地供給資源，不斷地在偷懶動後面擦屁股，使偷懶動膽大妄為，勇於犯錯，學會有時候不偷懶反而是最偷懶的方法！因為偷懶動總是在傳統的人生中，不斷的使用白癡偷懶的方法，所以人生的道路跌跌撞撞得自認還算精彩。人生中不斷地犯錯，然後學習，無懼於犯錯，無懼於傳統。沒有他們的寬大與包容，偷懶動自然也沒機會寫出這本偷懶學來！

記得當時在學校教偷懶學的時候，許多家長打電話給我，責怪偷懶動在大學裡什麼不教，卻教這些年輕人應該如何偷懶，真是有辱孔門，敗壞教育的典範。希望這些家長今天能了解既然偷懶是人的天性，何不順著天性，想辦法去為下一代偷懶出一條更平坦，更省力的人生大道，進而踴躍購買偷懶學，以宣導偷懶學為己任，普渡天下眾生！

當然，偷懶勳也感謝身邊的每一個人，在偷懶勳的人生中如果少了某些人，這本震古鑠今的偷懶葵花寶典可能也寫不出來。其中偷懶勳的胞弟敏雄兄居功甚偉，沒有他持續的鼓勵、支持、補充、潤筆與校稿，以及虎女偷懶裏的指導、啟發與示範，這本流傳千古的世界名著，改變人類的書，還真的不知道在哪裡！當然也感謝易遠與正平兄的訂正，還有易遠兄接洽的出版商。

不過偷懶勳最感謝的還是讀者們踴躍的購買，沒有讀者們掏出白花花的鈔票，給予肯定，則偷懶學無法發揚光大，總之，謝天謝地，感恩再感恩！

BOSS館10　商業企管類　PI0041

偷懶學

作　　者 / 洪樹勳
校　　稿 / 劉易遠、袁正平
增 修 者 / 洪銘勳
責任編輯 / 鄭伊庭
圖文排版 / 周政緯
封面設計 / 王嵩賀

發 行 人 / 宋政坤
法律顧問 / 毛國樑　律師
出版發行 / 秀威資訊科技股份有限公司
114台北市內湖區瑞光路76巷65號1樓
電話：+886-2-2796-3638　傳真：+886-2-2796-1377
http://www.showwe.com.tw
劃撥帳號 / 19563868　戶名：秀威資訊科技股份有限公司
讀者服務信箱：service@showwe.com.tw
展售門市 / 國家書店（松江門市）
104台北市中山區松江路209號1樓
電話：+886-2-2518-0207　傳真：+886-2-2518-0778
網路訂購 / 秀威網路書店：http://www.bodbooks.com.tw
國家網路書店：http://www.govbooks.com.tw

2017年5月　BOD一版
定價：350元

國家圖書館出版品預行編目

偷懶學 / 洪樹勳著. -- 一版. -- 臺北市 : 秀威資訊科技, 2017. 05

面；　公分. -- (商業企管類)

BOD版

ISBN 978-986-326-395-1(平裝)

1. 職場成功法　2. 工作效率

494.35　　105017506

讀者回函卡

感謝您購買本書，為提升服務品質，請填妥以下資料，將讀者回函卡直接寄回或傳真本公司，收到您的寶貴意見後，我們會收藏記錄及檢討，謝謝！如您需要了解本公司最新出版書目、購書優惠或企劃活動，歡迎您上網查詢或下載相關資料：http:// www.showwe.com.tw

您購買的書名：________________________________

出生日期：________年________月________日

學歷：□高中（含）以下　□大專　□研究所（含）以上

職業：□製造業　□金融業　□資訊業　□軍警　□傳播業　□自由業
　　　□服務業　□公務員　□教職　□學生　□家管　□其它____

購書地點：□網路書店　□實體書店　□書展　□郵購　□贈閱　□其他

您從何得知本書的消息？

□網路書店　□實體書店　□網路搜尋　□電子報　□書訊　□雜誌
□傳播媒體　□親友推薦　□網站推薦　□部落格　□其他________

您對本書的評價：（請填代號　1.非常滿意　2.滿意　3.尚可　4.再改進）

封面設計____　版面編排____　內容____　文／譯筆____　價格____

讀完書後您覺得：

□很有收穫　□有收穫　□收穫不多　□沒收穫

對我們的建議：________________________________

____

____

____

請貼
郵票

11466
台北市內湖區瑞光路 76 巷 65 號 1 樓
秀威資訊科技股份有限公司 收
BOD 數位出版事業部

....

（請沿線對折寄回，謝謝！）

姓　名：＿＿＿＿＿＿＿＿ 年齡：＿＿＿＿ 性別：□女　□男

郵遞區號：□□□□□

地　址：＿＿＿＿＿＿＿＿＿＿＿＿＿＿＿＿

聯絡電話：(日)＿＿＿＿＿＿＿＿ (夜)＿＿＿＿＿＿＿＿

E-mail：＿＿＿＿＿＿＿＿＿＿＿＿＿＿＿＿